像森女一样去生活

SENNV

郭锐◎编著

U0364136

中国社会出版社

国家一级出版社 ★ 全国百佳图书出版单位

图书在版编目（CIP）数据

像森女一样去生活／郭锐编著 . —北京：中国社
会出版社，2013.1
　ISBN 978 – 7 – 5087 – 4222 – 9

　Ⅰ.①像… 　Ⅱ.①郭… 　Ⅲ.①女性—服饰美学 　Ⅳ.
①TS976.4

中国版本图书馆 CIP 数据核字（2012）第 273074 号

书　　　名：像森女一样去生活
编　　　著：郭　锐
责任编辑：杜　康
助理编辑：武瑾瑾

出版发行：中国社会出版社　　邮政编码：100032
通联方法：北京市西城区二龙路甲 33 号新龙大厦
　　　　电　话：编辑部：（010）66061723
　　　　　　　　邮购部：（010）66081078
　　　　　　　　销售部：（010）66080300　　（010）66085300
　　　　　　　　　　　　（010）66083600
　　　　　　　传　真：（010）66051713　　（010）66080880
网　　　址：www. shcbs. com. cn
经　　　销：各地新华书店

印刷装订：中国电影出版社印刷厂
开　　　本：170mm×240mm　1/16
印　　　张：17.5
字　　　数：212 千字
版　　　次：2013 年 1 月第 1 版
印　　　次：2013 年 12 月第 2 次印刷
定　　　价：35.00 元

彩插作者:刘冰

彩插作者:刘冰

Espresso Bar

彩插作者:刘冰

彩插作者：刘冰

彩插作者:刘冰

彩插作者:刘冰

Happy everyday

让我们抛弃那些喧嚣，找回内心的平静，做个快乐的森女吧！

放空自己，让心灵返璞归真

让我们准备好开始"离家出走"吧，去体会行走的快乐

我们不仅拥有温柔的外表，更要拥有一颗坚强的心。

书籍是森女永远的情人。

给自己一个希望，做一个永远不会老的森女。

握在手中的才是最珍贵的，幸福就在你的身边。

发自内心地生活，才能拥有无拘无束的美丽。

前　言

　　"森女"，即"森林系女孩"的简称，指的是崇尚简单自由的生活，打扮得像是从森林走出来的女孩。

　　但"森女"究竟是什么样的呢？这个词的创始人也没有明确的定义。尽管大家装束千差万别，但走在街上，森女们的辨识度绝对很高。森女的身上总带着一点甜美、一点怀旧、一点随意、一点精致。

　　时尚观察家指出，从"败犬女""剩女""宅女"到现在"森女"的出现，源于现代时尚女孩越来越关注和享受自己的生活，更加注重内心需求的本我，并与高压的现代社会之间的抗衡，"森女"所代表的不仅仅是一种潮流，更是一种健康的生活方式。

　　做一个"森女"其实并没有你想象的那么难，只要抽点时间来关注一下我们的这本《像森女一样去生活》，你就会发现，在不知不觉中你已然成为了"森女"中的一员。本书主要为您介绍以下内容：

　　"做个快乐的森林系女孩"主要为您介绍森女的起源并展现出森女的各个方面，让您能够对森女有一个初步的了解，以便于您在接下来的阅读中获得更多的感悟。

　　"森女的生活观"主要讲的是森女的生活观，以从整体到部分的方式让您对森女的生活观念有一个更深的了解。

　　"森女的着装观"主要讲的是森女如何打造属于自己的时尚品牌，让您能够在看完本章后找到适合自己的"style"。

　　"森女的妆饰"观，即"自然的，就是最美的"。本章主要讲的是森女如何装扮自己，我们的目的是让您在看完本章之后，能够打造出自己的时尚"名片"。

"森女的情感观"主要讲的是，森女在生活当中对感情的一些见解，让您能够从森女的情感观中得到自己的感悟。

　　"森女的交际观"主要讲的是，森女如何打造自己的人脉资源，让您对森女的处事态度有一个更深层次的认识。

　　"森女的工作观"主要讲的是崇尚自然的森女，在对待工作时的独到看法，那就是——享受工作的过程，随遇而安。

　　"森女的健康观"讲的是绝不欠"健康债"的森女的健康新观念——绿色休闲，快乐生活每一天。

　　本书的出版，起源于责任编辑武瑾瑾小姐的一个美好的选题创意，关注时尚、推崇森女生活方式的她希望与更多读者朋友们分享她的理念。在本书的编写过程中，还得到苏皓、武建鑫、职珂珂等人的大力协助，尤其是苏皓为本书的内容做出了重要贡献。在此一并致谢！

　　切·格瓦拉这个上世纪的理想主义实践家的一句话"让我们忠于理想，让我们面对现实"被时隔几十年后的森女们用另一种截然不同的生活方式诠释着。生活在高压的现代社会，我们有时候突然想打破一如既往的生活节奏，来一点措手不及的惊喜，让自己的生活多一些恬淡。通过本书，可以让众多喜爱"森女"和想做"森女"的年轻女孩，对"森女"有一个更深的了解，从而将自己打造成一个真正意义上的"森林系女孩"。

　　不憎恨，不焦虑，简单地生活；多一点付出，少一点期待；放下你该放下的和不该放下的，向着"森女"走去吧！

郭锐

2012 年 8 月

目　录

做个快乐的森林系女孩

01 森女，不只是潮流，更是一种生活方式

"森女"一词源于日本一个社交网站的流行语，在日语里，mori 是"森林"的意思，那么"森女"（Mori girl）就是指看似生活在森林里的女孩。"森女"一般而言指的是双十年华的女孩，最好拥有少女气质，追求简单、自然的生活方式的女孩子。

"森女"的鼻祖是个网名叫"choco"的日本女孩，"森林系女孩"这个概念的灵感来自她的女性朋友对她穿衣风格的一番评价："就像从森林里走出的女孩"。"choco"将自己的穿着品位和喜好自创门派，还在她常泡的日本服饰团购交流网站上开辟专区，吸纳全日本和她志趣相投的女孩。

东京街头的流行时尚瞬息万变，敏锐的时尚潮人迅速捕捉到了这股"森女"风潮，"如同森林里走出的女孩"一夜之间遍布街头。"choco"被奉为新一代时尚教主，成了许多时尚杂志上的常客，甚至开始经营一本全方位介绍"森女"的独立杂志，不光提供穿搭指导，还将自己每季衣橱的衣服拿出来晒。"森女"大行其道还带火了一个独立设计师品牌"Madein colkinikha"。

那么，"森林系女孩"究竟是什么样的女孩呢？对此，即使创始人"choco"也没有一个明确的定义，在"森女"大本营论坛中，活跃着 60 种不同的"森林系女孩"类型，尽管大家的装束千差万别，但走在街上，"森女"们的辨识度很高。"森女"的穿着打扮、生活形态等，更贴近森林里那种轻松惬意的感觉。有人将她们穿衣风格的普遍规律大致归结为以下几点：

衣服一律以棉、麻等天然材质为主，颜色基本上选择富有大自然气息的大地色、裸色或暖色，以传达温柔安静的气质；服装图案偏重于田园风，碎花、格纹、民族图腾统统来者不拒，间或搭配刺绣、毛线织物等带有质朴的手工打造印记的配饰，看似温暖随意而有趣。

整体风格上，"森女"们追求宽松、随意，散淡、粗犷中追求精致细节；在穿搭上，她们是混搭先锋，而且常常不按常理出牌，喜欢将某些既定的搭配方案打破，但万变不离其宗。

花最少的钱，过有品质的生活是森女的追求目标。最喜欢做的事就是找一个咖啡厅，一杯饮料，一册绘本，就可以舒舒服服过一个下午。也正因此，"森女"总给人一种甜美怀旧的感觉。

平底圆头鞋是"森女"的最爱。除此之外，她们还爱帆布包、二手皮箱、喜欢大披肩、超长围巾、复古饰物以及用玉石、羽毛等天然材质制作的饰品。

此外，"森女"追求的是清新素雅的妆容，因此裸妆是"森女"的妆容前提，干净不繁复的头发也很重要。海藻般的垂腰长发或者是基本款的"花苞头"，还有近年非常流行的"梨花头"，都是"森女"的标志哦。当然你一定要保持少女般的青涩和清纯，最好无忧无虑地大笑。总之，怎么舒服怎么来。

那么怎样才算有森林感觉？崇尚简单、生活态度悠闲、不盲目追求名牌、喜欢童话、喜欢自然民族风的衣饰……

（1）爱穿毛线衣服，以及阔边草帽

（2）与华丽的服装绝缘

（3）Lolita 和少女风，都不是她那杯茶

（4）与暖色系很相配

（5）喜欢皮革制的皮包

（6）常常使用小型的手袋

（7）对旧东西或复古风的物品，觉得很有魅力

（8）喜欢童话

（9）喜欢以动物为主题的东西

（10）喜欢陀表

（11）喜欢格子、圆点等图案

（12）喜欢简单的打底裤

（13）最爱穿舒适的圆头鞋

（14）讨厌高跟鞋

（15）穿闲适的运动鞋、轻便鞋等

（16）更希望自己的脸蛋是可爱多于美丽

（17）如果你说她长得像俄罗斯娃娃，她会很高兴

（18）多数短发，更有可能是齐萌的 BOB 头或至腰长发

（19）给人柔软、清澄的感觉

（20）喜欢看 Spoon、FUDGE、装苑等杂志

（21）追捧 mori chisato、COCUE、cuccia 的服装

（22）喜欢草食系的男孩子

（23）爱待在有格调的咖啡店

（24）喜欢随身带着摄影机

（25）家品店、家私店等等都是常到的地方

（26）在书店看到可爱的书就会觉得好开心

（27）喜欢秋天和冬天。

"森女"洋洋洒洒有很多项条件，只要拥有 3 项就算森女。比如随身携带相机、喜欢自然民族风的衣饰、在有气氛的咖啡座欣赏绘本、喜欢手作小物等等！

总而言之，"森女"这个词要比"干物女"和"宅女"听起来要清新得多，而且生活方式比做"干物女"和"宅女"更健康。"森女"为广大年轻时尚女性所热捧，绝对是引领潮流。

森女所代表的不仅仅是一种稍纵即逝的时尚潮流，更代表的是一种新一代时尚女孩们的乐观向上的生活态度，是一种积极面对人生挑战的生活理念，是一种值得一辈子去遵循的生活方式。

让我们抛弃那些喧嚣，找回内心的平静，做一个快快乐乐的森女吧！

02 成为森女的必要条件

在朋友中，在我们生活的圈子里，常常有那么一种女孩，只要她们一走进屋子，人们就会觉得眼前一亮，不由自主地被她吸引，大家都想和她做朋友似的，主动与她聊天、给她让座，甚至想赢得她的认同。她的身上仿佛有一种磁石般的力量吸引着周围的每一个人，这种吸引力会使她很自然地便成为一道美丽的风景，这便是森女的魅力所在。

十种特质可以把长相平平的你打造成最具魅力的森女，不妨一试。

（1）睿智：时间可以扫去女孩青春的容颜，却扫不去她们经历岁月积淀之后才焕发出来的魅力。这份真正的美丽就是内涵、修养与智慧，它就像秋天里弥漫的果香一样，由内而外地散发出来。

森女的魅力不仅仅流露于表象和姿态，她年轻依旧的心在都市流动的喧嚣中，悠然地保持着宁静，淡泊中轻轻地驾驭着生活的脚步。

（2）高雅：似乎天生的包容感、懂事、细微之处的……森女的高雅不在其表，而在于她丰富优雅的声音，磁性穿透了时间隧道，哀伤宁静无怨与从容。高雅但不矫情，什么样的女孩尤其让男人怕？把矫情当高雅并乐此不疲的女孩。偏偏这又是两个容易被混淆的概念。简要地说，优雅的女孩不但喜欢手持高脚杯飘逸在鸡尾酒会之中，她也同样可以拎着易拉罐啤酒流连于海鲜大排档，懂得暗香盈袖的女人味才是优势。

（3）原色：诱人而不缠人。无论是聪明的大象还是憨态可掬的黑熊，都会在完成表演后得到一块喜欢的糖果或者小点心。驯兽师是务实的，他明白要想让这些庞然大物乖巧听话，糖果比鞭子更有效。如果没完没了地驱使，累倒在其次，熊脾气上来还有可能罢工。对男人也一样，吸引永远比督促管用。多展示你的魅力，少索取他的承诺，天天缠着他只会让他压力过载。

（4）真诚：漂亮的脸蛋和匀称苗条的身材只是年轻女孩们的一种外在形象，而一个内在性格富有魅力的女孩，常常会改变你最初对她的印象，你不仅乐于和她接触，而且乐于把内心的秘密倾诉于她。望着她渐渐走近，你会觉得她看起来越来越漂亮。

（5）气质：谁也无法抗拒岁月给容颜和体态留下的印痕，青春和美貌的魅力不会永存，只有丰富的文化内涵和美好的心灵所赋予的气质和修养，会使一个人在不同年龄段具有魅力。青春的美貌只能漂亮一时，由气质成就的魅力森女却会美丽一世。

（6）坚韧：某都市报时尚版上刊登过这样一篇文章，讲一个清秀婉约的年轻女孩，倾其全力执著于自己的追求，在不经意间，将自己修炼成了一个完美女孩。当别人向她讨教成功的秘籍时，她只简单地回答了两个字：坚韧。要做森女，就要做一个内外兼修的凤凰，不经过烈火，哪来涅槃？请记住，森女的每一分道行都是修炼出来的。

（7）豁达：吸引别人的前提是调整好自己的情绪。性格豁达乐观的女孩非常吸引异性的注视，她们往往是最有朋友缘的。

（8）知性：据调查，现在70%以上的男人都希望自己未来的妻子知书识礼、活泼可爱、温柔体贴、外貌端庄。所以说，教养可以使女人趋于完美，但知识更是使女人富有魅力的源泉。能在双重角色中游刃有余地转换自己的好女人，常在解决工作问题之外给你人生的启迪，让你沉静，教你努力，让你尽情感受到生活的美好与希望。

（9）自信：自信而不自我，这是一种潜移默化的舒适。比如汽车即将驶入高速公路收费站，而他的两手既要抓着方向盘，又要忙着降下车窗，这时身边的女人体贴地递上数目合适的零钱，让他不至于太手忙脚乱，他就会感到这种舒适了。没人要你俯首帖耳，只不过在他不方便时提供一点方便而已。男人结婚，是为了得到一个默契的生活搭档。如果觉得袖手旁观天经地义，那么没问题，高傲的孤独也是一种境界。

（10）内敛：森女也许相貌并不出众，但她由内而外散发出来的那种内敛、知性使她变得一样可爱美丽。

森女们相信容貌终究有衰老的时候，而坚毅、优雅、无私、博爱的内在气质却可伴人终身。在森女的眼中，只有内涵美，才是真的美！

只有内涵美，才是真的美！

03　森女，活出自我个性

森女是富有个性的，也正是这种个性之美，让她们活得潇洒，活得快乐。她们总是根据自己的特点，去寻找恰当的个性，以求获得真正属于自己的生活品位。

在生活中，有许多女孩子仅仅懂得从外表上打扮自己，穿戴得一身珠光宝气，流光溢彩，但是还不能与那些活得自然、洒脱的森女相媲美。问题在什么地方？就在于她们不懂得像森女那样从培养自己的个性入手，从而变得徒有其表了。

事实上，对于森女来说，美丽并非全部属于外表，而是属于独特的个性。一个女孩只有表现出与众不同的个性，才能符合现代潮流的美丽标准，成为一名别具品位的"俏佳人"。一个女孩必须要有个性的气质，才能赢得大家的青睐，才能发现自己美在何处。假如一个女孩失去了个性，必然会变得与众人没有什么不同，即使你的外表再美丽，也只能是一种装饰。通俗地讲，就是"花瓶"。

那什么是个性呢？

个性就是个人独有的品位和气质。譬如说，你遇到任何事情，都能坦荡大方，都能相信自己能够解决好，这就不像有的人遇到紧要的事，就会手忙脚乱，不知该怎么办。相比之下，你就具备了个性魅力。同样，有些人看上去美如天仙，但就是缺少那么一点文化品位，只能是浮浅地谈吐事理，这样就会让人觉得缺乏内涵，与许多漂亮的时髦女孩没有什么区别，不免让人遗憾；相反的，森女却能恰当地融入到谈话的氛围之中去，机智地表现自己的才能，智慧和幽默，给人一种与众不同的感觉——具有很好的文化素养和睿智的谈话技巧。这样的例子有很多，在这里，无法一一列举。但有一个基本思想就是：没有个性的女孩子，不可能成为一名真正的美丽佳人；只有具备了独特的精神气质，才会成为一名令人羡慕的美女。

美国著名女人形象设计大师雅宾·科利丝在《女人的个性与形象》一书中说：人的个性说起来非常简单，实际上它是一个人提高自己生活品位的难题。因为个性的培养不是一朝一夕的事情，而是一个人长期的精神气质、行为方式、情感特征的综合表现。离开个性，一个人就会流于一般，更不可能出类拔萃。

森女知道漂亮的服装是花钱可以买到的，而个性不是用钱就能从商店买回来的，而是自己良好的言行举止是否具有品位，是否能够吸引人的精神面貌。美丽是可爱的，但是如果培养出一种真正的个性之美，那么你的形象之美就会更加动人。

其实，当每一个女人都明白个性之美与形象之美的关系以后，不妨像森女那样，抓住这个问题，从自己的个性上寻找美丽形象的基因，或许你会收到意想不到的效果。的确，个性是魅力的基因，是更深层次的形象设计问题。不妨这样做一下：

（1）根据自己的性格，去领悟一位真正有品位的、出名的女人之所以美丽的气质；

（2）抓住自己的特长，例如自信、大方、机智，在适当的场合加以表现，看一看周围人的反应；

（3）去分析一下自己身边徒有外表之美的人，想一想她们到底能够给自己的人生带来多少亮点；

（4）思考一下"个性之美"与"自我形象"的关系，想一想自己从个性设计自我形象的道理，也许是一次惊奇地发现。

请记住："宁愿不做外表重复的美女，也要做一名个性不同的女孩，才能让自己的人生与美丽相伴"，这是森女个性的真谛。

我的个性我掌握，做个与众不同的快乐女孩！

04 森女，就是要浑然天成

森女和美女是截然不同的两种人。前者指的是那种浑然天成、令人不知不觉之间由怜而生惜、由惜而生爱的女性。而后者则是指那些靠人为的装饰及雕琢而成的人工美人。前者是与生俱来，后者是人力所为。就像我们看山一样，看泰山、黄山和在城市的公园里看假山感觉就会完全不一样，尽管后者看起来更加精致漂亮。为什么？泰山、黄山乃大自然鬼斧神工的杰作，而城市的假山则是对大自然的模仿复制。从严格意义上来说，假山应该不是山。森女的美，不仅仅在漂亮。

现如今，化妆已经是世界上最先进的一项技术，每个人均想争当美女，但是每个时代美女的标准都不同，究竟当代美女的标准是什么？

毋庸置疑，在这方面，韩国人和日本人已经领导了亚洲美女潮流。凡与成为美女相关的化妆品专辑报道杂志一定畅销。女孩们年复一年地研究如何靠化妆来创造一副自己满意的脸，最起码也要用两色粉底让自己的脸看起来有立体感。女孩子从白天到晚上的洁肤护肤养颜等系列化妆品不下数十种，很多女孩在素面状态下恐怕连上街的勇气都没有。每天上班前至少要花 30 分钟化妆，而且无时无地不在补妆。

然而，森女知道，美丽不仅是漂亮就够了，她们认为精妙的化妆术是会让人觉得有种酝酿出来的、纯正端庄的美，害怕在镜子里面找不到自己青春的脸。不过漂亮乃至动人的身材等，现在还要配合知性、个性，必须是立体的美女才能立于永恒，因为满街都是化妆美女，而且长腿丰胸。当每个人穿戴上流行的符号都是千篇一律，那漂亮还有什么意义呢？

古代的美女就来得特别真实自然，环肥燕瘦，虽然美的类型完全不同，但同样美得真实，美得天然。可现实生活里就不一样了，稍一留意，就会发现现在的漂亮女孩很多都是"人工培育"出来的。看到这一点确实令人痛心。可惜很多女孩并未认识到这个问题的严重性，还在趋之若鹜地争做"漂亮女孩"。于是有人感叹，世风不古啊。如果天下所有女孩子都按照一种流行的模式修理了一遍，这世界还有没有美女？面对无数的流水线上加工的美女，男人们还会高歌爱情赞美女性吗？

对于美女，不管走到世界的哪个角落，她们总会引起别人的怜香惜玉。一些对此颇有微词的朋友总会悻悻地问：不知国外的美女是否也如此受宠。

在美国有一家拥有数百家分公司的著名国际公司，招聘女秘书，按理说被聘的若不是千里挑一的美人胚子，也该是看了赏心悦目的青春美少女。可是令人大跌眼镜的是，在这里上班的管理层男士们个个风流倜傥，才华横溢，可是与他们朝夕相处的女秘书们却个个都是清汤挂面式的长相，大多数还都是人到中年的阿姨辈。

难道这世上真有只爱江山不爱美女的人？人事部的亨利先生道出其中的缘由。原来几年前，公司曾经从人才交流会上招进一个美女。此女长得亭亭玉立，一头金色的秀发，加上得体的谈吐，深得男同事的青睐，几乎令身边所有的异性同事神魂颠倒。他们从开始的争风吃醋到后来的互相拆台，一发而不可收。

其中，公司一位年轻男职员，因为得不到爱的回报绝望万分，服下安眠药自杀。接着，该公司一位经理的爱妻听了某些人的"忠告"后，在家拿枪威胁丈夫，却失手扳动了手枪，结束了自己的生命。这位经理身心俱焚，朝这位美丽的女秘书连开两枪，然后举枪吞弹自杀。此事一发，令公司上下大为震惊。于是，这家公司从此高举"拒绝美女"的旗帜，以防悲剧重新上演。

如今的公司，人才的竞争已经到了白热化的地步。穿越于各个著名公司之间，你会发现几乎所有公司的人事部门都倾向招收那些人到中年有家庭又稳重的职员。这样，既不会使办公人员因有美色而分心，又提高了工作效率。所以对于那些欲在大集团立足的美女们，她们也常常不露声色地使出小聪明，让自己看上去尽量保守而稳重些。

20 世纪 90 年代最后一届世界小姐的竞逐是在英国伦敦举行的。主办方取消了佳丽现场泳装表演的环节，改播为海滩拍摄的泳装外景片段，因为会场外有数十名女权主义者示威抗议，要求停止这种她们认为"有性别歧视成分的节目"。

　　选美有性别歧视的成分，这倒使我们很惊讶，女权主义者的行为未免极端了点。我们历来认为选美没有什么不好，选美是平淡生活中的一个插曲，并且也给予一位或许是平民出生的女子以一个改变命运的机会。即使评选世界小姐的评委全是男性，他们的标准在今日也有了大大地改变，眼睛不再盯牢"三围"，还讲究美女的知识、谈吐、修养甚至道德。荣获这届世界小姐冠军的印度美女穆嘉希，芳龄 20，不仅美轮美奂，而且是攻读动物学的学士，尊老爱幼，品德双佳。

　　谁决定美女？当然是男人决定美女。男人决定美女，没有什么不好。就如美女可以决定美男一样，是异性的眼光、异性的标准定夺谁美不美，这世界就有趣些、丰富些，可以闹出小小的纷争，苛刻之中自有一番幽默。问题是男人所定的美女的标准通常是在变的——根据他们各个不同的实用目的而变。

　　如今这年头，美女越来越不被关注了，也不养眼润目了。唯有浑然天成的森女，不管她们处于何处，总能成为瞩目的亮点。

森女美在浑然天成！

05　森女，美在心灵

　　大多数的女生是把青春美单纯地理解为外在美：漂亮的眼睛、丰满的身材、时髦的衣着……有的女孩还会因为自己缺少这些天赋的条件懊恼不已，怨爹妈不给自己生一幅美丽的姿容。

　　不错，天生丽质自然令人羡慕，但是森女的美，不仅仅在外表，还在于她的人品、她的心灵。

　　心灵美，以及由此产生的一切行为美，是高尚的美、真实的美，其他的一切美，离开了这个基础，都会黯然失色。心灵美，就是人的道德品质、精神境界、思想意识和志趣情操的美。

　　前苏联作家奥斯特洛夫斯基说过一段话："人的美并不在于外貌、衣服和发式，而在于他的本身，在于他的心。要是人没有内心的美，我们常常会厌恶他漂亮的外貌。"这话说得真好！生活中我们都有这样的经验：一个外表很美的人，当你发现他的灵魂十分肮脏的时候，你对他的好感就会烟消云散。相反，一个外表十分丑陋的人，如果你一旦发现他的心灵美好高尚，就会对他的丑视而不见，相反还会觉得他的外表形象也是美好的。

　　同心灵美相比，外貌美是不长久的。再美貌的女子，也无法挽住逝去的岁月，使红颜不老。而内在的美，却会随着岁月的增加、心灵的净化而日益显示它的光华。正如托尔斯泰所说："人并不会因为美丽而可爱，而是因为可爱才显得美丽。"

　　爱美是人的天性。人世间谁人不爱美？可以说，人类社会就是按照美的规律来创造发展的。美是人们生活中不可缺少的，追求美，创造美，成了人们前进的一种动力。森女的魅力表现在气质上，即风貌与仪表，代表着社会进步和对美的追求，表达着高尚情操和热情向上的人生态度。

森女所拥有的和谐美，并不取决于美丽的外表，而是取决于理想的积极的人生态度。热心肠的"阿波罗"，不会倾心冷面孔的"维纳斯"。天赋优美的女人体态，可以构成生理解剖型的人体模特儿，但却不可能发生持久迷人的魅力。热情向上的人生态度，善于弥补形体的平凡和缺憾，使人们的视线更富于穿透力，能够看到心灵中活跃着的那个倍加可爱的天使。

森女的内在美，不是不要镜子，而是能够从镜子里走出来，不为世俗偏见所束缚，不盲目描摹他人的所谓风度之美。森女的风度神韵之美靠的是内在质朴的心灵和外在真挚的表现。前者形之于风度之美，使人举止大方，后者形之于风度之美，使人坦诚率直，不事造作。虽然你的工作并不轻松，虽然现在的应酬、家务、动脑筋挣钱等活动让人们越来越浮躁，越来越实际，但你仍应在床头搁本喜欢的画册、文集等，晚上拧亮台灯在若有若无的轻音乐声中翻阅，既可以让人平和宁静，又可增添知识的积累。假日里，去美术馆、音乐厅感受艺术气息，拉近自己和艺术的距离，试着让自己成为一个有艺术气质的人。

总之，森女是一个由文化教养、审美观念和精神世界凝成的晶体，她折射出的心灵的光辉也最富于理性，最富于感染力。也正是这颗懂得欣赏美、寻求美和表现美的美好心灵，让森女充分享受了生活的乐趣。

只有心灵上的美，才是真的美！

06　"外柔内刚"是森女

日常生活中，我们常常会听到这样的说法——"外柔内刚"，说的是女孩子不仅拥有温柔的外表，更有一颗坚强的心。

在森女看来，柔弱是女生的天性，但坚强却是女孩的资本。坚强的女孩无论是在生活中，还是在事业上都有勇气战胜困难，取得成功。相反，软弱的女孩遇到困难就会灰心丧气，一蹶不振，走向自卑和堕落。

学做森女就应该有一颗坚强的心，这并不是说要抛弃女孩应有的温柔，与男人一拼高下。事实上，男人更需要温柔的女人，因此女孩应该在适当的时候表现出温柔的一面，而不是一副"欲与男人试比高"的姿态。但是仅仅具备柔情的一面是不够的。现代社会中，男人与女人是平等的，生活中很多担子已经不仅仅需要男人来扛，女人也有责任与男人共同分担痛苦，这就需要女人有一颗坚强的心，不被困难所打倒。

生活中处处都会遇到困难，时时都会遭遇打击。女孩们不能像过去那样总是希望男人用自己的肩膀保护你，而是要学会坚强地站出来，成为男人的避风港湾。"一个成功男人的背后必定有一个女人"，这个女人一定是坚强的女人，只有这样才能给予男人最有力的支撑，协助男人取得成功，不是吗？

坚强与勇敢是一对双胞胎，坚强的女孩必勇敢，勇敢的女孩必坚强。法国著名思想家蒙田说过："懦弱是残忍之母。"在困难面前，你越软弱就越会被它击败；相反，你以坚强和勇敢的姿态来面对，困难就会被你所击倒。勇敢对于想做森女的女孩来说是一种非常可贵的品质，同时也是一种必不可少的品格。懦弱的女孩永远都不会获得生活的快乐和事业的成功。

生活中每个人都会遇到想做而不敢去做，或者不知该如何去做的事情，这个时候如果没有勇敢和坚强出来帮忙，你是无论如何也不会作出决定和取得成功的。勇敢的品质不是天生的，而是通过生活的磨炼和自我不断培养出来的。

森女的生活信条：

（1）为自己鼓掌

只有拥有自信心的女孩，才能具备坚强的品质。因为自信是女孩勇敢和坚强地面对生活的原动力。自卑的女孩常常会有"我不行"，"我干不了"，"我害怕失败"等胆怯的心理，因此很难战胜自己．就更不用说战胜困难了。美国的一位心理学家说过："不会赞美自己的成功，人就不会激发起向上的愿望。"的确，适当地为自己打气，不仅会给你带来更大的自信，而且还会激发你争取更大成绩的勇气。

（2）锻炼自己的胆量

无论是在工作中，还是在生活上都应该学会大胆尝试。尤其是在工作中，具有尝试的精神才能有所创新，从而开创出自己的一片天空。墨守成规的人永远都不会做出什么成绩，工作中常常需要的是"敢于第一个吃螃蟹的人"。

（3）不骄不躁

坚强的女孩都是冷静，从容的。从容是成熟的表现。那些遇到一点儿事情就乱了手脚的人，总是会因为忍受不住突如其来的打击而变得怯懦。相反，坚强的女孩在挫折面前能够冷静地分析和处理问题，克服并战胜困难。

我们不仅拥有温柔的外表，更要有一颗坚强的心！

07 森女更"有爱"

爱心最能体现森女的本性，这是由森女积极向上的生活态度而决定的。森女因充满爱心而美丽，因充满爱心而受到尊敬。

许多家世好的女孩，由于自身的优越感很强，所以对于那些弱者，就不屑一顾，似乎自己是一名胜利者。这种人情的冷漠其实是一个女孩浅薄的表现。人与人之间本来是平等的，只不过个人能力的大小，造成了以后个人境遇的不同，因此这在很大程度上带有一种偶然性。

对于聪明的森女来说，她们总是以一种虚怀若谷的态度对待她所接触的任何人，在她们身上看到的是种种充满爱心的举动。她们的一言一行都会受到人们的赞扬和仰慕。

斯普兰妮女士曾说："女人的内在价值是通过多方面体现出来的。事业仅是价值的一部分，更多的是那种体现关心弱者的爱心。"

几年前，大卫迁到了纽约的一个公寓小区居住。此后不久，大卫因病动了手术，在纽约他举目无亲，躺在病床上就更觉寂寞。没想到，手术后却意外地收到一张暖人心扉的慰问卡，落款处只简单地写了"阳光女士"几个字，大卫甚是感动，但又觉得很蹊跷。

没过几个月，大卫的妻子患流行性感冒躺倒了，这时候，一张写满安慰与鼓励话语的明信片又不期而至，署名仍是"阳光女士"。

这神秘的"阳光女士"到底是谁呢？疑惑不解的大卫向邻居打听，邻居告诉他："这准是比安卡·露斯切尔德女士。自从她搬到我们小区后，小区里任何人病了她都会寄上慰问卡。"

大卫深感诧异，也深为感动。小区里有300来户人家，她竟能个个记得清楚，长年累月地奉送爱心！

森女明白生命的深刻，知道爱的珍贵。她们总是遵循自己的内心，把这爱的种子撒向世界的每一个角落。

森女往往充满爱心，对弱者的不幸会给予深切的同情，这也是她们很有人情味的表现。但随着社会的发展，很多女孩们的价值观、道德观发生了很大的变化，许多传统的美德正逐渐在消失。所以，怎样把这一种传统的美德发扬下去，怎样使自己富有爱心和同情心等问题值得我们去思考，也是向新一代年轻女孩提出了挑战。

美国前总统夫人希拉里毕业于麻省理工大学，曾为费城IBM公司的部门经理，当时已是个炙手可热的人物，在别人看来，她是风光无限。可实际上，她的内心却充满烦恼。她想摆脱这些烦恼，想得到帮助，于是就找到CMB公司。她向工作人员倾诉道："我实在是太累了，周围的人似乎都在奉承我却又似乎都在算计我，我不知道该相信谁，我觉得没有一个真正的朋友。"

"以前的那些好朋友也似乎一个个地疏远了我，我想可能是嫉妒我事业上的成功……"

CMB工作人员在听了她这番话后，就问了她几个问题："你喜欢养小动物吗？"

"你常参加一些社会慈善活动吗？"

"你和朋友间主要谈些什么？你的语气又怎么样？"

对前两个问题，希拉里的回答是否定的。后一个问题她回答说主要谈些工作上的事，语气也是像工作时那样。

烦恼的症结终于找到了，希拉里的不愉快正是由于她把工作和生活混在一起了，抛弃了女人应有的温柔，把在工作中的成功经验运用到日常生活中，这种不分时间地点的处世方法给她带来了不必要的麻烦和困扰。

由于工作繁忙，她没有时间和精力去表达爱心，去做显得比较有人情味的事，也使自己的情感处于压抑状态，无从发泄，时间长了，她自然会感到烦躁不安，并不经意地表现出来。工作已成为她表达自身内心活动的唯一手段，这种唯一性使得她把对自身的形象永远定格在工作这个层面上。因此，从这种意义上说以前的希拉里是一位不懂得生活的人。

CMB 的工作人员给她提了一些建议，要她抓住每一次出席慈善活动的机会，多让自己感动，多抽出时间和朋友们聚会。工作之外用一种平和的态度与人交谈，使自己的内心得到放松。这样就会从根本上改变自己所有的那种工作气质，富有爱心而以一种成熟的真正的女人味道去得到他人的信任和尊敬。希拉里最后的成功就充分证明了这一点。

由此可见，任何一个女人，特别是那些为自己的事业和工作而奋斗的女人，千万不要因为事业而影响了个人的形象表现价值，不要因为繁重的工作而关闭自己的爱心之窗。那样的结果，即使你的穿着打扮再贴近自然，也不能算是一个有气质、有韵味的真正森女。

森女都是那些善于调整自我，充满爱心而优雅的女孩。她们在生活的尘嚣中总能保持着一颗真挚的爱心，她们是最有魅力的、最成功的人。

也许你漂亮，也许你富有，也许你聪明，但若你没有爱心，你的内心将会是一片没有绿洲的荒漠，那你就不是一个真正幸福快乐的森女。

森女因充满爱心而美丽，生活因充满爱而变得更加美好！

08 森女，对自己更用心

生活中，要用心对待别人，用心对待工作，用心对待事情，但是最应用心对待的，应该是自己。因为森女知道，只有懂得对自己用心的女孩，别人才会对她用心。

很多女孩抱怨自己"感情不顺"、"加薪无望"、"生活无聊"，而无比羡慕活得风生水起、顺风顺水的森女。为什么别人能快意人生、潇洒走一回呢？为什么自己在平淡的岁月中熬成黄脸婆呢？其实答案只有一个，你没有像森女那样对自己用心。

一个对自己不用心的女孩，没有自我的立场和地位，生活得有气无力，气场从何谈起？吸引力从何而来？而那些看起来阳光靓丽的女孩，谁不是用心地经营自己、用心地创造自己的生活？所以，对自己用心的女孩，会使得别人对她用心，生活对她倾心。

对自己用心，是每个女孩子都可以做到的。只要你有一种对自己负责的态度，在各方面高标准要求自己，不断提升自己，就能把自己打造成不缺才、不缺貌、不缺爱的时尚森女。

（1）不断提升自己的专业能力

专业能力代表了足够的知识、技能，可以满足工作的需要。拥有专业能力的人才，知识丰富、执行力强，可以解决企业存在的问题。拥有专业能力是一种绝佳的个人品牌。由于不断地有新知识及新技术推出，为了避免落后，专家也必须不断地提升自己的专业能力，这是打造个人品牌首先要注意的。

（2）拥有谦虚的态度

即使你已经拥有很好的成绩，懂得谦虚仍然是非常重要的。许多社会名流，越是成功，越是对人谦和。无论什么时候，谦虚的人都会受欢迎。如果你能力有限，谦虚会让人感觉你诚实上进；而如果你工作能力很强，谦虚会让人感觉你受过良好的教育，综合素质很高。

（3）保持学习力及学习心

学习力及学习心是不老的象征，也是延续个人品牌的手段。一个不断学习的人，她的内在是丰富的，也更容易拥有自信心及保持谦虚的态度。学习会让你时刻感觉在进步。学习会让你找到自身的不足，从而改掉陋习。

（4）强化沟通能力

沟通能力包括倾听能力及表达能力。个人品牌必须通过沟通能力传达出去。你必须要有能力在大众面前清楚地表达自己的想法；也要学习站在他人的角度看待事情，尝试以对方听得懂的语言进行沟通。为了达到这个目的，学会倾听是必要的。

（5）亲和力

亲和力是一种甜美的气质，能让人在不知不觉中被你吸引。亲和力也是一种柔软的积极性，是通过与人亲善的特质发挥更多的影响力。倪萍主持的节目上到七八十岁的老人，下到五六岁的孩子都喜欢看，这就是她的亲和力打造了她极有魅力的个人品牌。

（6）外表

外表是很重要的，当别人还没有机会了解你的内涵时，就会从你的外表开始判断你的好坏，以整洁利落的外表来体现你充沛的精力及良好的态度，是森女必备的能力之一。

年轻的女孩们一定要请记住：这是个自我行销的时代，你的表现是你的"最佳简历"。对自己用心，就要懂得像经营品牌一样经营自己，不断提升自己的影响

只有懂得对自己用心的女孩，别人才会对她用心。

09　森女，一辈子的优雅

森女总是践行这样一个信条："我们不是生为女人，而是要做女人，而我们不但要做一个女人，还要做个优雅的女人。"

森女不管是在街上、咖啡厅、机场、酒吧、办公室，都是优雅的。有人说："如果真有那么一个女孩，浑身上下一点美好的地方都找不出来的话，那她一定不懂什么是爱，或是得不到别人的爱。"即使长相再平庸的女孩，她也有美丽的时候，那也许就是一种别样的优雅。

优雅是什么？是酒吧里品着红酒百媚横生的娇柔女孩，还是无意中一种淡定的沉思，蓦然间一个善意的眼神，回首时一脸盈盈的笑容？

在森女看来，优雅是一种味道，由内而外散发着迷人的芳香，言语中尽是诱人的思绪，举手投足间散发着自然的气息。优雅不是先天的，它是悬浮于物质表面的一种气度的展示。有自信的女孩常常带给人一种知性的美，这是后天的造就，更是优雅的源泉。而具有优雅仪表的女孩都有着共同的品质，那就是善良。善良是一种天性，而"女人最大的美丽是善良"，有一颗善良的心，有良好的修养，这是一个活的优雅的女孩的最简单的素养。

优雅是一种内在气质。优雅是一种风度，也是一个人独特的风格。也许带有遗传基因的因素，但更多的是来自后天的修养。靠阅读和培养，靠不断的领悟和思考，更靠生活的态度所决定。优雅是装不出来的。举手投足时的微笑也许不会出卖你，但是言谈、行为和思想能决定你是否被别人认可。

我们尽可以说优雅无处不在，因为优雅在每个人眼中是不同的美丽。一个女人，在暖暖的午后领着自己的孩子散步，这是母爱所赋予的优雅；与心爱的男人一起甜蜜地旅行，这是爱情所赋予的优雅；在暮色初临的黄昏搀扶着年迈的父母欣赏夕阳，这是亲情所赋予的优雅。

　　一个女人，心静如水，弹指间尽是芳华，这是岁月的磨砺而孕育出的由内及外的品位。就如《花样年华》中的张曼玉，有一点妖娆，一点含蓄，安静得如同处子，回环往复的是一颗优雅的心。她着一身曼妙的旗袍，迈着轻盈的步伐，在巷口留下一串修长的背影，昏黄街灯下一张透彻迷茫的脸，这样的场景无数次在重复，重复着一种轮回，这仿佛是一种无尽的优雅，那故事又仿佛没有结局……这是电影里的优雅，张曼玉的玲珑俏丽和成熟的韵味，在场景、音乐和女人的思绪中穿梭出一道别样的风景。

　　森女除了善良的本性，对时尚的领悟、匀称的身材、得体的服饰搭配和淡雅清新的妆容，都是必备的。森女不去追求时尚，她会制造时尚，连设计师都常常要"抄"她们的街头流行。

　　森女懂得如何表现自己，成熟、优秀、文雅、娴静，各种气质与品位都可以在举手投足间得到最好的体现。在她们看来，自己可以没有惊艳的容貌，但不能没有清新淡雅的妆容；可以没有模特的形体，但不能没有匀称的身材；甚至可以没有优越家境的熏陶，但不能没有忍耐、理解和宽容。

　　森女都有一定的鉴赏生活的能力，从穿衣、饮食到起居都有独到的眼光，懂得品味生活，懂得把平淡如水的生活调剂得富于情趣。不管何时何地，懂得以宽容的心去包容，去获得独到的快乐源泉。安静、善解人意、宽容、善良、有爱心是好女孩所具备的品质，更是森女所不可或缺的品位。

　　森女都是懂得爱的。她们在从容言行、时尚气质的光环下，必然有一颗善良美好的心灵。

　　森女的优雅，是一种淡然恬静的生活姿态。在复杂的城市生活中，这是一种内外兼修的美丽。

淡然恬静，做一个优雅的女孩！

10 森女，每个女孩都是公主

在森女看来，每一个年轻女孩都是公主。在父母的眼中，在情人的眼里，在朋友的身边，你就是一个真实存在的公主，需要的仅仅是一个去发现自己的机会……

即使你的身份再低下，在内心里你仍然要认定自己就是一个公主，在这个世界上，没有人能够取代你，也没有人比你更充满自信。正因为你拥有公主的心态，所以你才是一个真正的公主。

作为一个"公主"，你要知道，人生不是享受苦难，而是要赶紧脱离苦难。苦难是成长中不可避免的过程，但却不是应该做的，努力生活并不意味着把双手变得粗糙无比，而是要用双脚过日子。把你的双手保护得像公主一样细嫩，用脚去"工作"，去适应环境的变化，主动寻找新的出路。

因此，年轻的女孩们，要想好命就必须明白努力生活的意义，如果戒指掉进污水里，那么你就要以最快的速度把它从水中捞出来，而不是把手长久地泡在污水里。

公主不会抱怨，她们只会在摸索中改变自己的生活。要知道，每个女孩都是不同程度的丑小鸭，谁也不会嘲笑谁，而只有具备公主的心态，你才能变成白天鹅，公主美丽典雅、温柔大方，只有王子才能与之相配。学会欣赏自己，爱情只有不自卑的人才可以拥有。不要让自卑偷走了你的自信，自卑最终会让你放弃自己是公主的念头。

也许你有点胖，也许你有点矮，或许你没有爽朗的谈吐，你也许还很闭塞。是谁改变了你，你曾想过吗？其实你的这些特征，并不是什么缺点、缺陷。你不必为身材而忧虑，你也许很有幽默感，也许别人因为你的一个笑话而感动，甚至迷恋你了。事实就是这么简单。每个人都有自己的闪光点，不必刻意去计较什么，无所谓。你是公主，你怕谁？

不管是在有人的时候，还是在无人的时候，不管是在自己喜欢的人面前，还是在自己不喜欢或者不在乎的人面前，不管是在开心的时候，还是在愤怒的时候，都应该把自己当成公主，当成贵族。让自己做一个有涵养的优雅女孩，真正地爱惜自己，这样，就算是老的时候，你也会变成一个风韵犹存、举止优雅的"老"公主。

因此森女始终相信，所有的女孩都是公主，无论她们漂不漂亮，无论她们的裙子是否残缺，她们都是公主。所以不要自卑，自卑是毒药，它不仅腐蚀你的身体，还会浸透你的灵魂！

请记住，在父母的眼中、在朋友的身边，你就是一个真实存在的公主！让我们更加自信地面对生活吧！

森女的生活观：活出
自己的感觉

01　活在当下，享受幸福

森女决不站在当下之外。

人生最重要的是拥抱现在，所以森女从不为过去的昨天叹息，也不为未到的明天而惆怅。因为森女知道，人是活在当下的，与其心情凝重地悔恨烦恼，不如把握好现在。把握现在，就是不为不可挽回的过去而懊恼，也不为遥不可及的未来而庸人自扰。

有时候，人们会为了过去的事情而伤心不已，以为自己将永远活在过去里。有时候，人们觉得自己现在的努力不过是为了一个美好的未来，自己的希望在未来里。所以自己是为了未来而生活的。其实，这些想法都是错误的。我们活着能够感受到的就只有当下，生活中的任何事情都不可能存在于当下之外。过去的感觉虽然通过回忆传递到了我们的内心，但是它已经过去了，不会再出现在当下的生活中了。而未来的事物不确定，我们也无从把握。所以，我们真正拥有的就是当下的一切，我们能够感知的也只有当下。

曾读过这样一个故事，令人颇有感触：

一位智者旅行时，曾途经一座古城的废墟。岁月已经让这个古城满目沧桑了，但依然能辨出它昔日辉煌时的风采。智者想在此地休息一下，就随手搬过一个石雕坐下来。

他望着废墟，想象着这里曾经发生过的故事，不由得感慨万千。忽然，他听到有人说："先生，你感叹什么呀？"他四下里望了望，却没有人。原来声音来自那个石雕，那是一尊"双面神"石雕。他从未见过双面神，就好奇地问："你为什么会有两副面孔呢?"双面神说："有了两副面孔，我才能一面察看过去，牢牢吸取曾经的教训；另一面瞻望未来，去憧憬无限美好的明天。"

智者说："过去的只能是现在的逝去。再也无法留住；而未来又是现在的延续，是你现在无法得到的。你不把现在放在眼里，即使你能对过去了如指掌，对未来洞察先知，又有什么实在意义呢?"

听了智者的话，双面神不由得痛哭起来："先生啊，听了你的话，我才明白，我今天落得如此下场的根源。"

"很久以前，我驻守这座城池时，自诩能够一面察看过去，一面瞻望未来，却唯独没有好好把握现在。结果这座城池便被敌人攻陷了，美丽的辉煌都成了过眼云烟，我也被人们唾骂而弃于这废墟中。"

的确，忽略了现在，就等于自讨苦吃。把握住了现在，即把握住了幸福的秘密。如果你老想着昨天和明天，那么"今天"就永远没有成果，等你老去的时候，"昨天"也就会一事无成。

有位哲人说：世界上有三种人。第一种人只会回忆过去，在回忆的过程中体验感伤；第二种人只会空想未来，在空想的过程中不务正事；只有第三种人注重现在，脚踏实地，慢慢积累，一步一步踏踏实实地走向未来。因此，我们要珍惜当下。要知道，拥有当下才是最重要的!

所以，无论身处何地，我们都要像森女那样全然地处于当下。

我们可能都遇到过这样的问题：过去犯过很严重的错误，因而内心深处受到了很大程度的谴责，可是却不知道应该用什么方法来弥补。这个时候，内心是期待有一段时间或者有一个事件来拯救自己的。能够拯救自己的不在以后的空间和时间内，而就在此时此刻。

有一个制作家具的商人，在经济不景气的波及下生意大受影响，因此他整天心情郁闷，每天晚上都睡不好觉。

妻子见到愁眉不展的样子十分不忍，就建议他去找心理医生看看，于是他前往医院去看心理医生。

医生见他双眼布满血丝，便问他："怎么了，是不是受失眠所苦?"商人说："可不是嘛!"心理医生开导他说："这没什么大不了的! 你回去以后如果睡不着就数数木材吧!"商人道谢后离去了。

第二天，他又来找心理医生。他双眼又红又肿，精神更加不振了，心理医生复诊时非常吃惊地说："你是照我的话去做的吗?"商人委屈地回答说："当然是呀!还数到一万多根呢!"心理医生又问："数了这么多，难道你没有一点睡意?"商人答："本来是困极了，但一想到一万多根木材能制造多少家具呢，我就又不能入睡了。"心理医生于是说："那计算完不就可以睡了?"商人叹了口气说："但头疼的问题又来了，这一万根木材所造出的家具，要去哪儿找买主呢!一想到这，我就又睡不着了。"

许多人喜欢预支明天的烦恼，想要早一步解决掉。明天如果有烦恼，你今天是无法解决的，每一天都有每一天的人生功课要做，所以不妨学学森女的生活态度，努力做好今天的功课再说吧!

做人做事，想得长远一点不失为一件好事儿，但是有些事想的太远，就成了无止境的压力，烦恼自然也就随之而来。所以，我们要像森女那样，不要把有些事情想得太远，这样才能平心静气、豁然开朗。过去的已经过去，与其为过去的掩面叹息，不如坦然地面对一切，把握好现在，给自己的现在定下一个可行的目标，并为之去努力，那么你将获得一份真实的收获。

总之，我们要像森女那样心胸开阔，时时怀着得意淡然失意坦然的乐观心态，笑对自己的挫折和苦难。只有这样，我们才能超越自己，开拓新的机遇。

女孩们，不要为未到的明天而惆怅!拥抱现在吧，享受此时此刻的幸福人生!

02 森女因淡泊而清丽

清丽自然的森女，懂得用一颗淡泊之心，看天外云舒云卷，品庭前花开花落。

记得台湾著名作家林清玄曾向一位化妆高手请教，化妆的最高境界是什么？得到的回答是——自然无妆。据那位化妆师说，脸上的化妆只是三流的化妆；二流的化妆是精神的化妆；一流的化妆是改变气质，有人称为生命的化妆。

席勒曾说过："女人最大的魅力在于天性纯正，一个女人越是赋有活泼的直觉，未受污染的感性，就越发具有女性的魅力。"我想，一个人力量的源泉之一，就是特殊而迷人的性格，当然这绝不是一日之功，也与地位和财富无关……

人的气质有好多种，或高贵优雅，或随和温驯，而淡泊的女孩最让人心动，那种宁静，像一株百合，散发着特别的馨香。淡泊的女孩是富有智慧的，能用睿智的双眼看透一切，对于世上痴男怨女的感情纠葛，她们没有情绪的大起大落，只会在经历过之后，淡然一笑。

森女因淡泊而知足，也因淡泊而幸福，森女没有一般女孩那么多的虚荣，渴望金钱，渴望房子，渴望车子。森女所渴望的只是一颗淡泊、平和的心。可以在纷乱的尘世中，找到一寸心灵的净土，找到一处风平浪静的港湾，可以停靠休憩。森女深知追名逐利就犹如过眼云烟，她们同样也是率直的，不拘于世俗，当倦意袭来之时，只会收拾好行囊，不跟任何人打招呼，便踏上了远去的途程。西藏、泸沽湖那些都是森女所渴望的好去处，因为那里有她们所要的神秘、自然。

森女要的是那心中最为澄静的爱情，没有世俗的玷污，没有金钱的熏染，一切都有如深渊的池水一样，淡淡的、绿绿的、没有一丝杂质。森女不会要求她的另一半是多么的成功，也不会要求她的另一半是多么的英挺、俊逸。森女要的只是他那一颗真心和偶尔的宠爱。在他失意时，绝不会施加压力，而只会用赞赏的眼神告诉他：你其实是最出色的。在他成功时，她们也不会骄傲，更不会趾高气扬，而是用温柔的语调提醒他要居安思危，要以平和的心态面对成败。

如果你有一个淡泊的森女做你的朋友，那么你一定是幸运的，在与她的相处中，你会感觉到清新、愉悦，没有一丝压力。她们就犹如兰花一样散发着芳香的气息，不是那种太浓郁，而是淡淡的，沁人心脾的。她们可以在你怅然失意之时，给你送来慰藉，也会在你忧伤的时候，用她温柔的双手，将你的伤口抚平。淡泊的森女也会在你成功时，为你送来祝贺，同时也不忘了为你送去警世良言伴你下一次成功。所以说，拥有淡泊的女孩做朋友的人一定是幸福的。

当然，淡泊并不意味着缺乏理想和追求。淡泊与执著向来是中国传统知识分子的特点，森女的淡泊，是其美德和阴柔的最高精神境界。她们所追求的，是人生最真实最可贵的东西，这就是真诚、真情和幸福生活的最实质的一切。须知，命运之神也会如期地赐予以永恒的幸福和欢乐。

淡泊以明志，宁静以致远。有如此心境的人才会拥有一个亮丽的人生！宠辱不惊，年轻的女孩们在平凡的岁月中应该学会淡泊。须知淡泊不是平庸，宁静孕育辉煌。突如其来的尘世喧嚣，是留不住的景观，不变的淡泊宁静才是永久的心灵家园。只有在淡泊宁静的磨砺中，人之心胸才能豁达宽广，人之大志才能长存不溺。

安于淡泊，才能体味"宁静致远的超然"；不求达闻，才会懂得"宠辱不惊"，"去留无意"的洒脱。

让我们守住心中的那一份纯净，远离尘嚣，贴近自然，融入淡泊，做一个真实坦荡超然的森女。

　　　　　让我们守住心中的那一份纯净，怀着一颗淡泊之心，做一个真实坦荡超然的女孩吧！

03　简单生活也会别有风味

现在不少女孩子为了享受生活，不惜投入大量的金钱：去高级酒吧、蒸桑拿、做按摩……她们认为这样的生活才刺激、才过瘾，但到了月底等自己荷包告急的时候，才意识到下个月的房供还没着落，一大笔生活费还在等着交……

在森女看来，享受生活没有必要投入那么多的成本，只要你不是特别在意自己的面子，适当降低生活成本也能体会到别有风味的另一种生活情调。

小雨是一家知名企业的艺术总监，但看上去她很普通，平日素面朝天，头发是自然飘扬的，夏天是一身连衣裙，冬天也就一条灯芯绒裤再加一件套头毛衣，虽然看上去简简单单，但是大家都觉得她特别有味儿。

小雨相信低成本生活并不意味着低品质生活。在穿着打扮上，没有必要盲目追求品牌服饰，只要款式自己喜欢，价钱合理，买几件不同颜色的，平时搭配着穿也会很有情调的。小雨时常对自己的穿衣方式与风格津津乐道："同样的几件衣服，只要搭配得合理，也会给人焕然一新的感觉. 这样既省钱，又有创意。"

在吃的方面，小雨也不怎么挑剔。她说自己对物质生活没有太大的欲望，家常便饭就是最有营养的美味食品。交通方面，上下班几乎每天都选择乘坐公交车，"乘坐公交可以让大脑自由的驰骋，我工作中的许多不错的创意就是这样完成的，而开轿车不仅不能分散注意力，而且开快了，脑子还没开始运转就已经到了公司，这样很难有好的灵感。"就这样小雨无意间喜欢上了这种简单而快乐的生活方式。

简单的生活还可以让人更自由自在，享受大自然中的空气和阳光。

画家小欣和丈夫的幸福婚姻一直使朋友们很美慕，对她们简简单单的生活方式总是赞不绝口。

每年的夏天，小欣和丈夫都会到农村的老家过上一段时间。这里山清水秀，民风淳朴，虽然没有空调、电视等现代化的家用电器，但是从不会让人感到燥热不安。她们还邀请都市里的朋友到这里来避暑，但需自备生活用品。

被邀请而来的朋友都喜欢上了农村里简简单单的生活：远离城市的喧嚣，日出而作，日落而息，吃自家种的粮食和蔬菜，喝着清凉的井水，画画、聊天真是美妙的享受。朋友来这里"旅游"一回，算上所有的费用也没花几个钱。

懂得生活的森女无不是遵循"生活简单即享受"的。在交往方面她们崇尚简单的人际关系：讨厌虚伪，追求真诚，踏踏实实地干事业，不在无谓的应酬上花费过多的心思，不频繁地在交际场合露面，时间久了，便打个电话相互问候一下。

森女在爱情上也极其简约，异常朴素，不会在结婚时大摆宴席，而是采取"素婚"的形式简单的操办，她们认为两个人真正相爱没有必要用物质去表现，不必要太多的附加条件，不用受清规戒律的束缚，不在意别人的指指点点。

在平时的娱乐休闲方面，森女喜欢在"低调"中享受。在家里安静地坐下来听听音乐，欣赏自己喜欢的电影大片，这种感觉最自由、最轻松，也最能体会到生活的快乐。

幸福的生活并非要用华丽的物质作为陪衬，只要有你喜欢做的事情即可。你只要把纷繁复杂的生活简化为一种独有的生活情趣，抛去索然无味的东西，你就会活出属于自己的幸福。

正如作家刘燕敏在著作中所说："在世俗的社会里，只有你自己的生活简单了，你才会成为自己的主人。那些脖子上多了一条项链，衣服上多了一枚胸针，头上多了一项帽子的人，以及有着多余表情、多余语言、多余朋友、多余头衔的人，深究一下便会发现，他们都是在完美和荣誉的借口下展现一种累赘，这种人可能终其一生都走不进自己人生的大门。"

可见，做一个简单生活、享受自由的森女，没有了物质上的羁绊，也是别有一番风味的！

舍去物质的羁绊，简简单单地生活也别有一番风味！

04 放空自己，让心灵返璞归真

现在身处职场的女孩，在繁华的都市中生活，欲望满满的心灵，总是追逐着时间，丝毫感受不到舒缓空间的存在。你是否能像森女那样，找一个空间，将心抒放，让自己沉淀下来，在忙碌的生活中找回自己？

现代生活节奏太快，我们要懂得放空心灵。养成时常放空自己心灵的习惯，不仅可以使我们感到惬意，更能使我们在生活与职场中，看到更广阔的世界，得到更多的机会。

"空杯心态"不仅是一种时尚理念，更是经过无数成功的企业、成功人士的实践总结归纳出来的。对我们来说，空杯心态告诉我们的是，在做任何事之前，都先要有好的心态。这就犹如一个装满水的杯子很难接受新的东西，如果想要学到更多的学问，就要先把自己想象成一只杯子，将杯子倒空，将自己所重视、在乎的很多东西以及曾经辉煌的过去从心态上彻底了结清空，这样才能汲取更多的养分和知识。

空杯心态并不是让我们一味地否定过去，而是要怀着否定或者说放空过去的一种态度，去融入新的环境，对待新的工作、新的事物，从而取得新的成就。

这个形象的道理很容易理解，抛弃这个专业的心理学名词，就从小到大玩沙的经验来看，也能够明白，当我们将手里的沙抓得越紧，从手的缝隙里滑落的也就越多。如果干脆放下手中的沙石，也许我们能够抓住更多的东西。所以养成经常将自己的心放空的习惯，我们首先要学会放手。

我们很容易明白的道理，在真正做起来的时候，却不肯遵从，一切仿佛变得不那么容易。谁能够毫不在意地取得辉煌成就的刹那对高人一等的地位嗤之以鼻？有谁能够轻松地放下自己的过往的荣誉？有谁能够放下高不可攀的权力？很难，地位、金钱和权力不是流沙，然而，当地位、金钱和权力填满了你心灵中的整个杯子，再拿什么去盛装生命赐予你的更美好的一切？

对于身在职场的我们来说，往往最容易在得意之时忘形，在失落之时无法重新审视自己。然而，当你习惯时常将自己的心倒空，就会在每时每刻都懂得松手，懂得倾倒，这样才能不再拥有更大的成功时忘形，不在遭遇逆境之时沉湎失败。要做森女，请养成时常放空自己心灵的习惯，这是每一个人所必须拥有的最重要的心态。

哈佛大学的校长来北京大学访问时，曾讲了一段自己的亲身经历。一年，校长向学校请了三个月的假，然后告诉自己的家人，不要问我去什么地方，我每个星期都会给家里打个电话，报个平安。原来，校长只身一人，去了美国南部的农村，尝试着过另一种全新的生活。在农村，他到农场去打工，去饭店刷盘子。在田地做工时，背着老板吸支烟，或和自己的工友偷偷聊天，都让他有一种前所未有的愉悦。最有趣的是，最后他在一家餐厅找到一份刷盘子的工作，干了四个小时之后，老板把他叫来，跟他结账。老板对他说："可怜的老头，你刷盘子太慢了，你被解雇了。"

"可怜的老头"重新回到哈佛，回到自己熟悉的工作环境后，却觉得以往再熟悉不过的东西都变得新鲜有趣起来，工作成为一种全新的享受。这三个月的经历，像一个淘气孩子搞了一场恶作剧一样，新鲜而有趣。自己原本扬扬自得，甚至呼风唤雨的哈佛大学校长职位，自己原本认为的博学与多才，在新的环境中一文不值。更重要的是，回到一种原始状态以后，就如同儿童眼中的世界，也不自觉地清理了原来心中积攒多年的"垃圾"。

也许我们无法猜测，如果哈佛大学的校长没有进行这段放空的经历将会如何，但是不能否认，这一段经历让这位德高望重的校长受益匪浅。定期给自己的心灵复位归零，倾倒自己心中的满杯水，清除心灵的污染，才能更好地去工作与生活。

其实，我们常常听说或亲见这样的例子，它时常在我们生活之中上演，只是恰好被我们忽略了。让我们记住这样一句话："心空则容道，闻道则知，知则速大。"

　　　　找一个空间，将心抒放，让自己沉淀下来，在忙碌的生活中找回自己！

05 自我省察，发现真正的自我

在人的八大智能中，内省是一种个人非常重要的智能，它又叫自省智能。

自省是自我动机与行为的审视与反思，用以清理和克服自身缺陷，以达到心理上的健康完善。它是森女用来自我净化心灵的一种手段，可以帮助她们在了解自己的基础上，树立正确的人生观和价值观，选择正确的方向。

自我省察对每一个年轻的女孩来说都是严峻的，要做到真正认识自己，客观而中肯地评价自己，常常比正确的认识和评价别人要更困难得多。可见，作为森女，想要做到这一点是很不容易的。

哲学家亚里士多德认为，对自己的了解不仅仅是最困难的事情，而且也是最残酷的事情。

心平气和地对他人、对外界事物进行客观的分析评判，这不难做到，但这把手术刀伸向自己的时候，就未必让人心平气和、不偏不倚了。

然而，森女知道，自我省察是自我超越的根本前提。要超越现实水平上的自己，就必须首先坦白诚实地面对自己，对自身的优缺点有个正确的认识。

在人生的道路上，逐渐走向成熟的女孩无不经历过几番蜕变。蜕变的过程，也就是自我意识的提高、自我觉醒和自我完善的过程。

森女知道，一个人的成长就是不断进行自我认识和自我改造的过程。在这个过程中对自己的认识越准确、越深刻，取得成功的可能性就越大。

在每个女孩的精神世界里，都存在着矛盾的两面：善与恶，好与坏，创造性和破坏欲。你将成为怎样的女孩，外因当然起到了一定的作用，但是你对自身不断地反思，不断地在灵魂世界里进行自我扬弃，内省所起的作用是不能低估的。

一个想要学做森女的女孩，应该在充分认识客观世界的同时，充分看透自己并会客观给自己定位。

我们经常会遇到这样一些女孩子，她们身上的缺点那么令人讨厌；她们或爱挑剔、喜争执，或小心眼、好嫉妒，或懦弱，或浮躁等。这些缺点不但影响着她的日常生活，而且还使他不受人欢迎，无法与人建立良好的人际关系。许多年过去了，这些女孩的缺点仍丝毫未改。细究一下她们心地并不坏，她们的缺点未必都与道德品质有关，只是她们缺乏自省意识，对自身的缺点太麻木了。本来，别人的疏远，事业的失利，都可作为对自己缺点的一种提醒。但都被她们粗心地忽略了，因而也就妨碍了自身的成长。

用诚实坦白的目光审视自己，通常是很痛苦的。因此，也是难能可贵的，人有时会在脑子里闪现一些不光彩的想法，这并不要紧，人不可能各方面都很完美，毫无缺点，最重要的是能自我省察和控制。

凡属于对自身的审视都需要有大勇气，因为在触及到自己的某些弱点、某些卑微意识时，往往会令人非常难堪、痛苦。不论是对自己、对自己的偏爱物，对自己的民族传统，对自己的历史，都是这样。

但是，无论是痛苦还是难堪，森女知道自己都必须去正视它，不能害怕对自己进行深入的思考，不能害怕发掘自己内心不那么光明、甚至是很阴暗的一面。

当然，自我省察不仅仅是对自己的缺点勇于正视，它还包括对自己的优点和潜能的重新发现。

年轻的女孩都有巨大的潜能，她们都有属于自己的独特的个性和长处，每个女孩都可以通过自省发挥自己的优点，通过不懈努力去争取成功。

认识自我，是作为一个森女的基础与依据。即使你处境不利，遇事不顺，但只要你的潜能和独特个性依然存在，你就依然不失为一个成功的女孩。

年轻的女孩在自己的生活经历中，在自己所处的社会境遇中，能否真正认识自我，肯定自我，如何塑造自我形象，如何把握自我发展，如何抉择积极或消极的自我意识，将在很大程度上影响或决定着她的前程与命运。

定期省察自己的内心，做真正的自己！

06　每天给自己一个希望

　　在森女的眼中，人生，就好比是一个大舞台，每个女孩都是一名好演员，无非是分别扮演的角色不同，有恋人，也有同学，有上司，也有职员。在现实生活中也一样，有幸福就会有痛苦，有欢乐就会有悲伤，有情感就会有烦恼，有得到就会有放弃，有希望就会有失望，还有很多的无奈。

　　一个女孩将成为怎样的人，固然与环境有很大的关系，但是环境并不是造就一个人的重要条件。

　　你之所以成为自己，是你希望的结果。即使你手无缚鸡之力，让他人控制了你的环境，但他不能控制你得心态。你的心态决定了你的选择，你的选择造就了你的生活，并决定了你将会成为一个什么样的人。

　　美国五星上将麦克阿瑟曾对希望做出如此诠释："你若希望，你就年轻；你若绝望，你就衰老。"每天给自己一个希望，就是给自己一个美丽的目标，给自己一份信心。希望对于任何人都是非常重要的。没有希望，就没有人生。

　　随着《哈利波特》风靡全球，它的作者和编剧J·K·罗琳成了英国最富有的女人，他所拥有的财富甚至比英国女王的还要多。她曾有一段穷困潦倒的历史，她的成功恰恰在于她坚持每天都给自己希望。

　　罗琳从小就热爱英国文学，热爱写作和讲故事，而且她从来没有放弃过自己的梦想。大学时，她主修法语。毕业后，她只身前往葡萄牙发展，随即和当地的一名记者坠入情网，并结婚。无奈的是，这段婚姻来得快去得也快。婚后，丈夫的本来面目暴露无遗。不久，罗琳便带着三个月大的女儿杰西卡返回英国，栖身于爱丁堡的一间没有暖气的小公寓里。由于没有工作，居无定所，而且身无分文，再加上嗷嗷待哺的女儿，罗琳一下子变得穷困潦倒。她不得不靠救济金生活，经常是女儿吃饱了，她还饿着肚子。

但是，家庭和事业的失败并没有磨灭罗琳写作的希望，用她自己的话说："或许是为了完成多年的梦想，或许是为了排遣心中的不快，也或许是为了每晚能把自己编的故事讲给女儿听。"她每天不停地写着，有时候为了省电，她甚至会在咖啡馆里写上一天。

就这样，在这样艰苦的条件下，她的第一本《哈利波特》诞生了，并创造了出版界的奇迹，她的作品被翻译成 35 种语言并在 115 个国家和地区发行，引起了全世界的轰动。

罗琳从来没有放弃过自己的希望，她用自己的智慧和执著赢回了巨大的财富。即使她的生活艰难，她习惯于每天给自己希望，她相信自己必定会成功。每个女人都希望有一天能够登上人生之巅，享受随之而来的丰硕果实。遗憾的是，她们往往不能养成充满希望的习惯，总觉得顶峰是那么的高不可攀，想象一下就已经足够了。

在这个处处充满竞争的社会，那种自怨自艾，柔弱无助的"温顺"女孩已经日渐失去市场。一个没有希望、惯于绝望的人，只能平庸地过一生。而内心充满希望的森女，永远也不会被困难击倒。因为希望的力量是惊人的，它可以改变恶劣的现状，形成令人难以置信的圆满结局。

学做森女，就要每天给自己一个希望。希望今天比昨天幸福，希望午餐比早餐丰富，希望睁眼的瞬间比闭眼的刹那精彩，希望一阵深呼吸过后的自信，希望生活中对自己微笑，希望每天思念一点点，希望每天努力一点点，希望每天充实一点点……有希望的女孩，永远不会老！

给自己一个希望，做一个永远不会老的森女！

07 长得靓更要活得亮

活得漂亮，就是活出一种精神、一种品位、一种洒脱、一种热情。森女知道，只要自己永不放弃，便没有人能够阻碍你的进步和发展。

年轻的女孩一定要敢于经营自己的人生，即使自己的外表不美也不要悲观丧气。生命的意义在于旅程，当你的境界达到了一种高度，就会有心仪的人出现。与其像普通女孩那样把大部分精力花在对容貌的修饰上，还不如像踏踏实实做事情的森女学习。

很多女孩都认为美丽才是自己人生中最需要珍惜和保持的，而森女却不以为然。人生中有很多东西比外在的魅力要重要得多。新世纪的女孩更应该做一朵铿锵的玫瑰，不畏严寒和风吹。永远要记住：岁月的美丽是易逝的，心灵的美丽却是永存的。

丽岚长得不怎么漂亮，脸上有一块很明显的胎记，很多人都八卦地猜想她一定没有结婚。

有一天，丽岚生病了，同事去她家里看望她，开门的是一位文质彬彬的先生，长得很像韩国的一位男影星，同事心里都产生了很大的疑惑，难道丽岚是和这位帅哥结婚了？到了丽岚的卧房，果然看见了他们的结婚照，而且床旁边还有一个很可爱的小宝宝，唤丽岚为妈妈……

后来得知，丽岚在出生时脸上就有一块胎记，小的时候同学都嘲笑她，她总是很自卑。这样的日子一直持续到了大学。有一天，哲学老师找她谈话，问她为什么没有年轻人乐观向上的精神面貌。她当时很难过，眼泪便止不住地掉了下来。

哲学老师告诉她，对于女孩子来说外在的魅力固然重要，但如若内心不美，外在的美就更显得丑陋；如果内心世界是美的，即使是造化弄人，也会变得美丽起来。不要埋怨别人，生命是自己的。哲学老师的启发，让她如醍醐灌顶，茅塞顿开。

从此以后，她仿佛变了一个人，一扫以往的自卑与忧郁，不但心里充满了阳光，眼角眉梢都洋溢着笑容，除了刻苦学习外，学校所有的活动她都积极参与。

后来，丽岚结识了现在的丈夫。当时根本不敢奢望他会喜欢她，直到有一天他向她表白。

作为一个女孩子，你可以生得不漂亮，但是一定要活得漂亮，无论什么时候，渊博的知识、良好的修养、文明的举止、优雅的谈吐。博大的胸怀以及一颗充满爱的心灵，一定可以让一个人活得足够漂亮，哪怕你本身长得并不漂亮。

我们在生活中，总可以看见漂亮的女孩。容貌姣好，菁粉施黛，端庄典雅，顾盼神飞。然而，她们的人生未必漂亮。"一朝春去红颜老，花落人亡两不知"。漂亮只是外在，而美丽的人生才注重内在。外貌天成，品行纯良，聪慧贤淑，具备了自然美和人性美，生活上洒脱，为了自己的目标奋进。

森女的人生是精彩的。因为森女热爱生活，爱家人，关心朋友，当然她更不会忘记怜爱自己。她向生活奉献出爱，同时她也从中收获了爱。因为有爱，森女的内心才不会空虚；因为有爱，森女的生活才变得充实和多彩。

森女都有许多高雅的兴趣和爱好，在享受高雅的同时，她们的身心得到愉悦，感情得以升华，情操得到陶冶，这无疑使她更加光彩照人、魅力四射。

森女可以不漂亮也可以不聪明。但森女必须有可人的温柔，以柔克刚是她们的最高境界。要知道，这个世上的男人也许真有刀枪不入的本领，但绝对没人能抵挡得住女孩的柔情。

森女性格犹如铜钱，外圆内方，在柔情似水的外表下，跳动着一颗坚强的心。在她们柔性的背后蕴藏着巨大的隐忍与坚强，她们独立，有头脑、有能耐，可以用智慧、甩个性魅力征服危险。她们常常在其特有的背景下创造出一些男人只能望其项背的奇迹。她们深深懂得，在一个竞争激烈的社会中，眼泪是弱者的行为。

如果女孩子是一本书，那么长得漂亮的女孩就是一本仅供消遣的娱乐读物，而活得漂亮的森女则是一本传世的经典之作，是精装本的读物。美丽的容貌是上天的恩赐，而高贵的气质是后天的修炼。

靓丽的容貌终究有衰老的时候，而清丽的气质却可伴人终身。

这世界上本不存在完美的事物。完美的靓丽女孩当然也不可能有。但是，只要你朝着目标奋斗。无论你是婉约、细腻、恬静还是果敢、爽朗、义气，那都是活得漂亮的女孩。

靓丽的容貌终究有衰老的时候，长得漂亮不如活得漂亮。

08 在行走中释放你的身心

对于年轻的森女而言，经常出去走走，亲身感受一下广阔的世界，不但能扩大自己的视野，还能放松自己的身心，让紧绷的神经得以舒缓，从而再以一个更好的心态去面对复杂的人生。

中国有一句成语，叫做"坐井观天"，意思是以为世界只有头顶上的一片天那么大。于是故事里的青蛙成了许多人嘲笑的对象，认为它视野狭窄、高傲自负，是个不成器的家伙。可是在现实社会中也有不少人和那只青蛙一样，他们虽通过电视、电影或杂志、书籍等看到了许多风土人情或异国景观，可因为足不出户的关系，他们的观念、思想都只能停留在他们所固有的那个领域。也许影视或书籍能打开他们的视野，增长他们的见识，可如果没有亲身体验，没有获得直接的感性认识的话，他们的感受仍然只能停留在认识事物的初级阶段。

曾经听过这样一个故事。一个正处盛年的男人被医生告知得了绝症，痛苦之后，这个男人便决定外出旅行。后来，他花了大半年的时间游遍了祖国的大好河山，身心获得了极大的释放，再去医院检查时发现癌症居然已经没有了。不管这个故事是否真实，或者这个男人只是误诊或其他，但它至少告诉了人们一个道理，旅游是有益身心健康的。

旅游也是森女给自己"充电"的一个好方式。因为只有走出去，你才会知道天有多大，地有多大，人类心灵的包容性又有多广，让你的灵魂获得洗涤，得到一个新的提升。

小思是一家美资企业的职员，她自毕业后就在这家企业工作，至今已有四年了。她勤奋努力，兢兢业业，深得上司们的喜爱。可就在这时，一件让人意想不到的事情发生了。近半年来，小思为了顺利升职，开始加班加点工作。她把很多工作都往自己身上揽，在公司做不完，还要拿回家继续赶工。半年下来，小思瘦了一大圈，正当上司准备推荐她升职时，她突然就病倒了。那天，她正伏案工作时，突然头痛欲裂、耳鸣眼花，整个人痛苦不堪，再也无法继续工作下去。被家人送到医院检查后，医生诊断她是劳累过度，建议她暂时放下工作，放松调整一下后再重返职场。

小思不愿意。她不顾家人的阻拦回到单位继续工作，可发现自己根本无法集中精力，她的头痛总是不断复发，状态极差，不得已的情况下，不得不听从家人和医生的劝告在家休息。

在休息的这段时间里，小思的妈妈陪她一起外出旅游。母女俩游了不少名山好水，让小思的眼界大开，心情也得到了放松，精神状况明显地好转。回到家乡后，小思再度去医院，医生为她进行了仔细的检查后，认为她完全可以继续工作了。

就这样，小思重回职场。同事们惊奇地发现，小思的工作效率比以前更高了，做事麻利出色，让人刮目相看。没过多久，小思顺利地升职，成为大家羡慕的对象。

"磨刀不误砍柴工"，小思适时的休假为自己赢得了一个调整身心的机会，使她在重返职场后以绝佳的状态发挥了出色的工作能力。

那么，旅游除了是一种极好的放松自我的方式外，还有哪些优点呢？女孩们快一起看看。

（1）可以增进家人或朋友间的盛情

在旅游中往往会遇到各种各样的问题，还会碰到各种困难。当这些问题或困难来临的时候，熟悉的朋友或家人间一定会团结起来，一起应对外面的问题，解决困难。在这样的情景下，旅游成员之间的感情一定会逐渐加深，或让原本已有些忽略的感情得到成员们的重新重视。

（2）可以认识更多的朋友

一段漫长的旅行，无论是在火车上、飞机上，还是在旅行的途中，都有可能结识新的朋友。现在许多女孩的生活圈子比较狭窄，认识的朋友也十分有限，如果能借旅游的机会认识更多新朋友，岂不是会让自己的生活更加丰富多彩？另外，还没有男朋友的女孩子没准还能在旅游中认识自己的另一半哦。

（3）可以增长见识，学到更多的东西

这一点，我们在开头就已提到过了。旅行，实际上便是另一种学习方式。它能带你走入一片新的天地，让你亲身感受到一种从未有过的新的体验。无论是博物馆里的人文知识，还是街头的风土人情，都能让你从中收获快乐和新奇。一种新的生命体验，会让你的心底说不定早已沉寂的童真般的欢快感得以复苏。

（4）可以给生活增添色彩

在旅游的目的地，女孩们能够品尝到美味的当地小吃，能好好地一饱口福，还可购买到具有当地风情的工艺品和知名的特产等，不但可装饰一下自己的房间，还能留作旅游时的纪念，每当看到它们时，就能回忆起当初旅游时的快乐感觉来。这种感受，真的很美妙！

旅游的优点真的很多，但最重要的便是给自己一个机会，在大自然中体会生命的美丽和奇妙，重新认识世界，认识自己。旅游，归根结底，便是一个在辽阔的奇异的天地中寻找自我的过程。

 让我们准备好开始"离家出走"吧，去体会行走的快乐！

09　书籍是森女永远的情人

　　书籍，是森女永恒不变的情人。因为森女知道，即使是对自己忠贞不渝的情人，也可能忽然有一天变心；即使昨天还是海誓山盟，而今日就可能形同陌路。而书籍不会变，它就在你的身边，不论何时，它都会永远跟随你，将它的所有倾囊相授。女孩们可以在书籍中读到各种悲欢离合。

　　不论在生活中有什么样的事情发生，书籍里永远都存有女孩所需要的答案。书籍可以给她们以欢笑娱乐。不论是揶揄莞尔还是开怀捧腹，书籍可以给人以快乐的土壤，给尚且年轻的女孩以人生的警醒。书籍还可以教会女孩很多的生活乐趣，有了书籍不再让女孩觉得自己如果没有恋人就像世界末日一样。书籍教导女孩快乐健康的生活方式，教导她们如何让家庭变得更温馨，让工作变得更顺利，让自己变得更美丽。

　　丽丽，人如其名，艳丽多姿，在她身边不乏追求者。但是丽丽经常恋爱失败，很多时候为了一时的冲动就和一个根本不可能发展下去的男人在一起。丽丽过着情人无数，但精神生活却非常匮乏的生活，她觉得自己的生活非常空虚，她厌倦了这样的生活。

　　她想过一种稳定的生活，不再将日子变得这样的混乱，于是，她结束了各种无聊的社交活动，结束了与所有情人的关系。每天工作回家后，便开始图书的阅读，丽丽希望能在书中找到一片干净、安逸的土壤，净化自己的心灵，免于受到外物的羁绊。从工作到下班回家的阅读，这样的生活在丽丽的生命中持续了两年整。

现在，许多朋友都认为丽丽不再只是一个美丽的瓷花瓶了，而是一个内外兼修的优雅美女。连丽丽自己也承认："书籍真的要比情人重要！有了书籍，我的世界不再寂寞，我也能找到自己哪些做的是对的、哪些做的是不对的，找好自己的定位，找到一条属于自己的发展道路。在书中我看到，除了自己的狭小一隅，原来世界是那么大，自己能做的事情那么多，生活能够变成那么的美好！"

张小娴曾经说过："深情是我担不起的重担，承诺是偶尔兑现的谎言。"一个男人极可能受到外在的种种诱惑，对女人的感情也会变得复杂而不可捉摸，于是出现了对感情的背叛。有了"出轨"，爱情便会有了不稳定。然而，不会背叛你的，又能给你带来欢乐与悲喜的只有书籍。暖暖的午后，充满芬芳的庭院，啜一口酽茶，一卷在手，让女人忘却了生活的劳碌，忘却了俗世的伤悲，忘却了爱情的背叛，书是最好的情人，可以让你尝遍世界所有的感情，和书中的主人公一起欢乐一起惆怅，它可以带你去游遍世界上所有的名胜，带你走进未知的世界。

女孩是喜爱做梦的，在书中，女孩可以与智者交流．与贤者低语。把自己想象成书中的各色人物，寻取春的暖意秋的收获。为自己营造一个温馨幸福的乐园，徜徉于书的世界中享受读书的喜悦。时间飘逝，她们仿佛留下一缕生命的清香，或古典的简约之美，或都市的情调之美，或城乡的哲思之美。

年轻的女孩们可以在长期阅读的过程当中积累大量的精神财富，有知识，有内涵，有气质。她们用自己的内质固守自己的精神家园。女孩发自心内的书香，会随着年岁的增长积厚流广，日渐芬芳浓郁。用书香营造的气质，活跃在各个领域，在家庭中同样绽放异彩。男人钦佩她们美貌的同时，更加欣赏她们内在的气质，"腹有诗书气自华"。浓郁的书香味，在"乱花渐欲迷人眼"中更显得独树一帜，虽无十分的浓郁，但也不乏秀色可餐、风姿绰约、细腻温润。更加彰显森女独有的迷人色彩。

书籍是森女的最爱，因为它会不弃不离，始终如一，它永远都在奉献，从不求回报。它不会因为自己容颜的苍老而嫌弃，不会因为自己的青春不再而另寻他欢。只要你将它轻轻捧在手心，它就会为你奉献一切。书籍是森女永远的护肤品，没有失效期。它不但护肤而且护心。

如果你买不起化妆品，就买书吧，书是最高档的化妆品。如果你没有朋友，就把书当成你的朋友吧！枕边放几本好书，伴你度过美好人生！

> 书籍，是女孩永恒不变的朋友，在枕边放几本好书，让我们开始享受读书的快乐吧！

10   每天"臭美"十分钟

希腊神话中有一个大帅哥叫纳西斯，他在湖边看到自己的倒影后，便爱上了自己，每天茶饭不思，结果憔悴而死，变成了一朵花，后人称之为水仙花，这就是自恋的来历。当然，我们不能像他这样爱自己爱过了头，但森女认为，对于女孩来说，自恋一点还是有必要的。

森女都懂得，外貌是父母给的，我们无法为自己选择，但我们不能因为相貌不完美就失去自信，世上的事都不是绝对的，有些外表不美但智慧美、心灵美的人同样可以在精神面貌上成为强者。一个女孩的美与丑，并不在于她本来面貌，而在于她的内心。

所以，要有森女那样的自信，相信自己是美的。有这么一个例子，一个心理学家从一个班里挑出一个最愚笨、最不招人喜欢的女孩，要求她的同学们改变以往对她的看法。于是大家都争先恐后地照顾这个女孩，向她献殷勤，送她回家，称赞她的优点，大家"假心假意"地打心眼里认定她是个聪明漂亮的女孩。结果呢？不到一年，这个女孩大变样，不仅姿色动人，连举止也同以前判若两人了！她高兴地对同学们说：我获得了新生！的确，她并没有变成另一个人，她只是把自己身上隐藏的美给展现出来了，这种美只有当我们相信自己时，周围人才会相信。

然而有许多女孩为了达到"标准美"，风风火火地投入到整容运动中去，这实在是追求美的一个误区，是一种不自信的表现，其实只要你相信自己，你的心情就能为你整容！有这样一个故事：一个年老的女人在梦中梦到了上帝，于是她便问："上帝啊，你能告诉我我能活到多少岁吗？"上帝告诉她，她还可以活几十年。她一觉醒来，觉得非常高兴。于是第二天，就去了美容院，做了修复保养。她想，反正是要活很久的，把自己变得漂亮一点不是很好吗？美容之后的女人果然变得漂亮极了，而且因为她心情好，看起来年轻了几十岁，许多朋友都认不出她了。可是，第二年她就被车子撞死了。年老女人的灵魂上了天堂，她生气地问上帝："你不是说我还可以活十几年吗？"上帝看了看她说："啊，原来是你，我刚才没有认出是你啊。"

别不相信，你觉得自己有多漂亮，你就真的有多漂亮，每天对着镜子说"你是最棒的""你是最漂亮的""你的眼睛很好看""你的腰很细"，你就会潜意识地朝"最棒"的方向发展。你说，我哪方面都不优秀，没什么特点，怎么能对自己自信起来呢？千万不要这么想，要记住这句话，人要无条件自信，连自己都不相信，还拿什么去相信别人？

不要说这是一种自我欺骗，事实上即使是欺骗又何妨？如果欺骗能让生活充满快乐，进而好命，那为什么不骗一下自己呢？学一下《花样年华》里的苏丽珍，买碗馄饨都要花枝招展，楼道上、走廊里都要明媚端庄。自恋的女孩就算买不起金银首饰，也会在头上插朵小花；自恋的女孩不管是在众人面前，还是在自己的小窝里，都一样的光鲜利落，不会乱作一团。

自恋并不是虚荣，其实每个女孩内心都有种自恋情结，只是不敢表露出来罢了，适当的自恋没什么不好。梳妆打扮的时候，对着镜子里的自己多欣赏一点，少挑剔一点。走路的时候，把头抬起来，酷一点又何妨？

所以，就算被哪个负心男人抛弃了，也不要相信是自己不够好。你若不完美，他就该见鬼！他若要求完美，让他去找维纳斯吧，女神还少两只胳膊呢！

当然，女孩自恋不仅仅要恋外表，还要恋"头脑"，当你把头脑也丰富起来的时候，才不会让人看成是"绣花枕头一包草"，才能让他人也"恋"上你。千万不要等到老了之后，发现自己空有自恋，被男人抛弃的时候发现自己已经衰老，孩子问你问题的时候什么都不知道，那时再后悔自己什么都不知道就太晚了。

年轻女孩们像森女那样学会自恋吧，不论你活得是伟大还是渺小，你都是唯一的，抬头挺胸骄傲地往前走，你就会赢得别人注视的目光。每个人身上都有自己的个性和特点，看到自己的美丽，懂得欣赏自己的外表，不要老拿自己和别人的优势比较，相信自己就是一朵花，在开放的过程中，你才能吸引到会酿蜜的"蜜蜂"。

亲爱的女孩，不论你活得是伟大还是渺小，你都是唯一的，从现在开始抬头挺胸骄傲地往前走吧！

11 摆脱灰色心理，活出自我

　　每个人都会有灰色的心理，如嫉妒、猜疑、自卑、挫折感、以自我为中心等，只要我们克服了这些心理，那么我们就会活出真自我，成为一名合格的森女。

　　对于年轻的女孩，常有一些心理疾病，如嫉妒、猜疑、自卑等。

　　生活中，每个人都会与嫉妒结缘，但却有轻重、缓急之分。作为心灵误区深处的一点嫉妒，常充当偷袭者的角色，不仅会让你自己受伤，同时也直接地伤害他人。

　　嫉妒，从来都被看做是女孩所特有的情感和心灵特征。事实上，嫉妒不是女孩子所特有的。然而，女孩的嫉妒却有不同于男孩的特点，这就使得女性的嫉妒给人留下特别突出的印象和特别深刻的反感。

　　嫉妒就是平庸的产物。因为平庸之辈见到别人在事业上成功，便会意识到自己的无能和失败，两相比较，加之又不能正确地对待成功者和自己，很容易在内心深处引起反感。

　　嫉妒心重的女孩皆是狭隘自私、目光短浅之人。嫉妒的要害是处处都从自己的利益出发。因此，要学做森女，就应将自己放置于社会的大环境大范围中，承认别人的长处、成功，诚心向别人学习。若能找到自己独特的才能，充满自信地走自己的路，大家各展其能，又何必去嫉妒别人呢？

　　猜疑也是女孩的另一大弱点。

　　一个女孩一旦掉进猜疑的陷阱，必定处处神经过敏，整日捕风捉影，对他人失去信任，对自己也同样心生疑窦，这样会损害正常的人际关系，影响个人的身心健康。

那么，在人际交往中森女是如何消除猜疑心理呢？

首先，要加强个人道德情操和心理品质的修养，净化心灵，提高精神境界，以此来增强对别人的信任度和排除不良事情的干扰。

猜疑一般总是从某一假想目标开始，最后又回到假想目标。只有摆脱错误思维方法的束缚，扩展思路，走出主观臆想的死胡同，才能促使猜疑之心在得不到自我证实和不能自圆其说的情况下自行消失。

猜疑往往是心灵闭锁者人为设置的心理屏障。只有敞开心扉，将心灵深处的猜测和疑虑公之于众，或者面对面地与被猜疑者推心置腹地交谈，将深藏在心底的疑虑来个"曝光"，增加心灵的透明度，才能求得彼此之间的了解沟通，增加相互信任，消除隔阂，排释误会，使自己的心灵获得最大限度的解放。

当我们开始猜疑某个人时，最好能先综合分析一下他平时的为人、经历，以及与自己多年共事交往的表现，这样会更有助于将错误的猜疑消灭在萌芽状态。重新塑造自我，完善自我，经过一番努力认识与改造，你会发现一个崭新的自我。

自卑，是个人对自己的不正确的认识，是一种自己瞧不起自己的消极心理。一些人在自卑心理的作用下，遇到困难、挫折时，往往会出现焦虑、泄气、失望、颓丧的情感反应。一个女孩如果做了自卑的俘虏，不仅会影响身心健康，还会使聪明才智和创造能力得不到发挥，使她觉得自己难有作为，生活没有意义。所以，增强自信心克服自卑心理是一个重要的心理健康问题。怎样才能从自卑的束缚下解脱出来呢？

要相信自己的能力，学会在各种活动中自我提示：我并非弱者，我并不比别人差，别人能做到的我经过努力也一定能做到。认准了的事就要坚持干下去，争取成功，而不断的成功又能使你看到自己的力量，逐步地变自卑为自信。

有许多年轻的女孩总是这样想，世界上是有最好的东西，但不是她们这一辈子所应享有的。她们认为，生活中的一切快乐，都是留给一些命运的宠儿来享受的。有了这种卑贱的心理后，当然就不会有出人头地的观念。很多年轻的女孩，本来可以做大事、立大业，但实际上竟做着小事，过着平庸的生活，原因就在于她们自暴自弃，她们没有远大的希望，不具有坚定的自信。

在社会上，在与大家的交往中，一女孩如果在表情和言行上时时显露出怯懦、卑微，不信任自己，不尊重自己，那么这种人自然也得不到别人的尊重。

很多女孩都会有自卑感，是因为在和别人比较以后，对自己产生不满。自卑情结代表着深层的自我怀疑，而消除自卑情结最大的秘诀，就是将你的心里装满自信。只要对自己充满无可限量的信念，就能在你身上产生自信。你就会发现你并不像自己想的那么不成熟。

自信与否主要依习惯性占据你内心的思想而决定。如果你一直怀疑自己，总想着失败，你的能力就会被制约，也就总会感觉要失败。但是如果你练习心存信心的想法，就会使自信心变成一个主控你的习惯，你就会有一种强烈的能量感，使你能够不管碰到什么困难都能一一克服。

坚定不移的信心能够移山。可是真正相信自己能移山的人并不多，结果真正做到移山的人也不多。愚公相信自己能移山，最后他成功了，因为他的自信心感动了神灵。而那些不相信自己有这种能力的女孩，最后只能做到她们所相信的程度——移不了山。人类所做的一切都是自己思想的产物，信心是激发一个人成功的原动力。所以我们应当有高标准，提高自信心，并且执著、认真地相信自己必能成功。

年轻的女孩所想得到的成就，决不会超出她自信所能达到的高度。小个子的拿破仑曾经在阿尔卑斯山上说，"我比阿尔卑斯山还要高"。如果拿破仑在率领军队登山的时候，只是坐着说："这件事太困难了。"无疑，拿破仑的军队永远不会越过那座高山。所以，对于初入社会的年轻女孩，无论做什么事，坚定不移的自信力、百折不挠的毅力，都是达到成功所必需的和最重要的因素。

病态的自卑感通常隐藏着对自我根深蒂固的怀疑心态。彻底祛除这种心态的秘诀，就是让坚定的信仰充满你的内心，这种做法虽然听来并没有什么惊人之处，但是它的确能使你产生健全而坚定的自信力量。

充分认识自己的能力、素质和心理特点，要有实事求是的态度，不夸大自己的缺点，也不抹杀自己的长处，这样才能确立恰当的追求目标。特别要注意对自身缺陷的弥补和优点的发扬，将自卑的压力变为发挥优势的动力，超越自我，从自卑中解脱出来。

不要总认为别人看不起你而离群独居。你自己首先要瞧得起自己，别人也就不会轻易小看你。能不能从良好的人际关系中得到激励，关键还在自己要有意识地在与周围人的交往中，多学习别人的长处，发挥自己的优点，多从群体活动中培养自己的能力，这样可预防因孤陋寡闻而产生的畏惧躲闪的自卑感。

总之，要做一名合格的森女，就要从自卑中解脱出来，正确认识自己，并会发挥出自己的真才实学。千万别让自卑淹没了你的闪光点，从自卑中超越自我，你才能创造一个全新的自我。

许多心理学家都指出，人是多种多样的，而不是一个模子里铸出来的。这种性格上的差异，会在平常的各种反应和行为中表现出来。譬如说：同样受到训斥，有的人灰心丧气，有的人勃然怒色，有的人露出讨人喜欢的微笑，心悦诚服地加以接受，也有的人则认为丢了面子而百念俱灰，企图自杀。人们的反应，就是如此的不同。另外，人们的经验、知识、智力和性格等，也是各不相同。有的人工作能很快地适应，而且干得颇为出色，效率也很高；有的人对工作见解不得要领，进展缓慢；有的人对于分配给自己的每一件工作都会感到束手无策，什么都要问人家，弄得周围的人不胜其烦；有的人干起工作来不畏艰险，充满了信心。人与人之间虽然如上所述，存在着千差万别，可是有一点却是相同的，就是谁都相信自己"具有与众不同的特点"。这就导致了以自我为中心心理的形成。

所以，女孩们要对自己有一个正确的评估，只有这样，才能摆脱"灰色心理"，才能像森女那样，活出精彩的人生。

下定决心克服自己的"灰色心理"做一个快乐而又洒脱的女孩吧！

森女的着装观：怎么舒服怎么来

01 森女，不与流行同流合污

在"乱花渐欲迷人眼"的时尚、流行经过了潮起潮落之后，森女渐渐地脱离了所谓的"时尚"，慢慢变得成熟，这种成熟的标志就是不再与时尚流行盲目地"同流合污"，而是对流行进行个性化的选择。森女对时尚流行总是具有先天的敏感，她们始终生活在时尚的前沿。

还有什么比流行的东南西北大一统让人不能忍受？这种工业流水线上升产出的流行，硬是把千千万万鲜活生动的女孩克隆复制成洋娃娃。在这里，时尚犹如一把尺子，最能丈量出人们靠近美的距离。

在森女看来，在人的身材之外，心灵、精神等更显得重要，它是一个人的质量。将它特化到衣食住行方面，那必然会带给人耳目一新的感觉。流行和时尚的元素最终要给女孩的信号应该是展现个人生活最真实、最淳朴的一面：最真实的笑脸，最放松的姿态，最亲切自然的着装。但更多的女孩子则并没有认识到这些。

你就是你，茫茫人海中你只有一个，自己的生活由自己决定，自己的美丽由自己装扮，剩下的才是由世人共同分享一个完美的你。说到底，这是一种个性的领悟，一个人对时尚感觉达到这个层次，就达到了最高的境界。

牛仔裤在几经磨难后成为流行的标志。多年来那一成不变的蓝却产生了种类繁多、琳琅满目的款式，令女孩为之着迷。当你套上牛仔裤，穿上

T恤，配上耐克鞋，准备潇洒走一回时，你会猛然发现"湛蓝＋白"的组合已经充斥整个城市，不分男女老少，高矮胖瘦。于是女孩开始不甘心"同流合污"，她们开始敏锐地寻找新的流行。

你发现，城市的亮点已经被几个衣冠楚楚的男女所垄断，男士是一身名牌西服或鳄鱼T恤，时尚的女孩则周身"香奈儿5号"香水的味道和一个个品牌的杰作。令人咋舌的价格，无疑使这一群人成为时尚的先锋。你的羡慕是不言而喻的，当然你的决心也是惊人的。

于是你开始省吃俭用，盼望着有一天也能一身名牌。一年之后，当你拿出省吃俭用攒下的积蓄换回一身名牌时，虚荣心得到了最大的满足。然而不久你会发现，你的这套名牌已经不"流行"了。

一位朋友指点道，休闲就是"麻质＋木扣＋米色＋宽松"，时尚就是神秘的"波西米亚"。

正当你踌躇满志，准备再战江湖之时，时尚又变了。从巴黎、米兰到东京，设计大师们不约而同地把眼光投向了20世纪六七十年代，破烂的喇叭裤、厚底鞋、缩水T恤又成了新时尚。朋克与摇滚与非主流，卷起一股另类的潮流。身着迷你短裙，染着五彩头发的女孩一下子成为街头的时髦点缀。

最让你惊讶的是，摩登女郎们的黑色嘴唇和指甲，仿佛从中世纪城堡走出的女巫。朋友却告诉你，这叫"cool"！你又怎能甘心被潮流抛弃，于是又从头到脚如法炮制一番，哈哈，镜中之人是谁？我还是我吗？摸摸脸上出现的细小皱纹，你惊讶地发现：在马不停蹄、全神贯注地追求时尚的过程中，你失去了最美丽的东西——青春。

时尚流行，就是永远在时间之上——你有这本事吗？否则，你永远别想抓住它。所以聪明而又热爱时尚的森女，决不与"流行"同流合污，只做最好的自己。

森女，决不与"流行"同流合污，只做最好的自己。

02 森女，穿出自己的品牌

森女在着装上，更加偏重的是选择可以突出自己气质的服装，一言以蔽之，就是要穿出自己的品牌，无论走到哪，都能鹤立鸡群的存在。

年轻的女孩都是爱美的天使，世界因为有了她们而更加绚丽可爱，在这个时尚开放的年代，女孩们的服饰色彩越来越缤纷，越来越形态万千，相对于偏于稳重单调的男士着装，女孩的着装则亮丽丰富得多。穿着，不仅可以显得更加美丽，还可以体现出一个现代文明人的良好修养和独到的品位。因此，其着装问题就显得比男士更复杂些。

（1）服装的选择要得体

身在职场的女孩服装一般以西装、套裙为宜，这是最通用、最稳妥的着装，不论年龄，一套剪裁合体的西装、套裙和一件配色的衬衣或罩衫外加相配的小饰物，会使你看起来显得优雅而自信，会给对方留下良好的印象。切忌穿太紧、太透和太露的衣服。

女孩求职的服装颜色可有多种选择，有些刚步入社会的女孩认为面试时一定要穿黑色套装，这种穿法虽然十分稳重，但是现在社会已能接受一些较鲜艳的颜色，比如，谋求公关、秘书职位的女性穿黄色服装就容易被主试人接受，因为黄色通常表现出丰富的幻想力和追求自我满足的心理。红色能显示人的个性好动而外向，主观意识较为强烈而且有较强的表现欲望，这种颜色感染力强，容易打动主试人，令他振奋，使他印象深刻。不过，女性应该避开粉红色，这种颜色往往给人以轻浮、圆滑、虚荣的印象。

（2）鞋子要便利

年轻的女孩如何穿鞋也有学问，总的原则是应和整体相协调，在颜色和款式上与服装相配。面试时，不要穿长而尖的高跟鞋，中跟鞋是最佳选择，既结实又能体现职业女性的尊严。设计新颖的靴子也会显得自信而得体。但穿靴子时，应该注意裙子的下摆要长于靴端。

（3）饰物要少而精

为了使你感到舒适，注意力集中，戴的耳环不要过长，以免发出叮当的声响或者触及脖颈，甚至挂到衣服上。朴实无华的项链就挺好，但别戴假珍珠或华丽的人造珠宝。令人喜爱的手镯是完全可以接受的，但镯子上的小饰物应当避免，其他刻有你名字首字母的首饰也应避免。面试时一定不要戴脚镯。总之，戴首饰的重要原则是：少则美。

总之，森女认为着装以整洁美观、稳重大方、协调高雅为总原则，服饰色彩、款式、大小应与自身的年龄、气质、肤色、体态、发型和拟聘职业相协调、相一致。只有这样才能更好地展现自我风采，穿出自己的时尚！

绝不迷恋品牌，一心一意，做自己的"品牌"大师。

03 你自己就是最"时尚"

什么是时尚？时尚是那种随时在你身边，你又无力抓住的东西，很像风。时尚不听你的，也不听他和我的，时尚自由自在无拘无束。如同你黄昏散步呼吸到的袭人花香，如同你清晨登山捡拾到的缥缈清歌。时尚让你会心、让你会意，却无法追逐、无法制造。

但是，森女知道，时尚并非遥不可及。随心就好，随意就好。时尚的本质，就是生活。不要刻意领先时尚，时尚为你的心情而生。

时尚是一种很模糊的东西。

没有人能够真正说清什么是时尚，变幻莫测正是它的脾气。正如20世纪80年代初，城市青年拎着大录音机满街乱晃，卡拉OK的强势风行，现今的手机花样翻新，东亚青年的染黄发风潮等等。总之，不同品位不同个性的人都可以拥有自己的时尚，只要不再是跟着一个潮流走，只要能把握自己，就一定能拥有时尚。

时尚的确很玄妙，但并非遥不可及。聪明的森女是不会去领先时尚的。她们大多会去把握并创造时尚。因为森女懂得，时尚的缔造者正是我们自己。因为时尚是一种理念、一种态度、一种文化。它没有标本，有时表现为引领，有时表现为回归，但终究是不可复制。正因如此，才引发了人们对"美"的不尽追求。如同我们不能预知未来，所以只能充满期待尽心尽力地朝前奔跑。

时尚由厚实的文化底蕴做支撑。阳光因为被寄寓温暖，便让人觉得可以触摸到希望。钻石本来只是一块石头，因为寄寓财富和恒久，于是变成了有内涵和生命力的承诺。

现在许多女孩喜欢追逐时尚有三个心理原因，其一，女孩都具有一种迅速地"扑向"新东西的好奇心。其二，女孩都想走在流行的尖端，领先其他的同性，喜欢对他人夸耀。其三，如果跟不上潮流的话，她们就会感到羞耻，具有一种不想居于人后的"失落感"。

乱花迷眼的时尚经过多年来花开花落之后，已越来越走向成熟，这种成熟的标志就是越来越多的女孩开始不再与时尚盲目地"同流合污"，而是如森女那般开始对时尚进行个性化的选择。森女对时尚流行总是表示出鱼翔水底般天然的亲近，她们始终生活在时尚的前沿。

当然，森女更加看重的是心灵和精神，因为它是一个人的质量，将它转化到衣食住行方面，那必然会带来令人耳目一新的感觉，展现个人生活最真实最淳朴自然的一面：最真实的笑脸，最放松的姿态，最亲切自然的着装。这个自己最认可的优美，面对的也是自己的眼光。

自己穿给自己看，只为自己的快乐、喜悦和满足，这就是森女的信条，还有什么流行比这更令人陶醉？其实，穿着打扮如同做人、如同处事，讲究的正是不经意之间的流露与收获。

流行不一定适合你。服装、化妆品都有流行色，想赶时髦，就需穿着跟得上潮流的流行色服装。但是，所有鼓动你买流行服装和化妆品的说法都出自服装设计部门和化妆品公司，而不一定是依据你的需要。

最典型的例子是：有一年动物图案特别流行，咖啡色的豹皮图案穿在西方人身上很好看，而亚洲人穿就很难看，因为咖啡色使黄皮肤看上去更黄，黄种人穿着，看上去毫无生气。

事实上，年轻女孩的终极时尚是认清自己，做真实的自己。茫茫人海中只有你一个，世界上没有谁能分享你的寂寞和美丽。说到底，这是一种个性的领悟，一个人对时尚感觉达到这个层次，才是最高的境界。

森女认为，"传统的一定要坚持。"确确实实存在一套"传统"的颜色，是你我都了解、都能掌握的，只要稍加变化，适当搭配，就会适合我们一年四季的需要。服饰如此，美容化妆亦如此。那些流行潮流往往都是荒诞的，只有坚持己见，才能让自己的生活简单、明快，才能保持住个性。

请记住：时尚，就是你现在的样子。你，就是最时尚。

04 朦胧含蓄最美丽

服饰是一种无声的语言，是一个人个性、品位甚至社会地位的象征。很难想象一个把自己打扮得像七彩孔雀一样的女孩，能赢得人们的尊重。而打扮高雅大方的森女，却能给人以成熟、稳重的形象，给人以美的享受和启迪。

森女认为，服饰的作用，是使人们把注意力集中在作为审美对象的女性身上，而不是让人们注意这些服饰的美。这是服饰美的要旨所在。

朦胧含蓄的美是与我国民族审美情趣相联系的。女性衣服的露既要使人直接看到天生丽质，充分展示女性人体的自然美，又要符合我国社会心理和传统的审美观念。女性衣服的藏，既可以起到保暖、遮羞护体的作用，又不同于古代封建社会那种把女性的手、脚全都封闭起来的藏。既露既藏，亦实亦虚，朦胧含蓄，才是现代中国女性所需的衣装美。

女孩的衣服如果富有朦胧含蓄的美，那会使她增添不少的魅力。似隐似现、微露其形的衣服，从露看隐，可以使人觉得女孩体内隐藏着无限春色；从隐看露，又可使人觉得模糊、意犹未尽，而引发对女孩形体美的无限想象，产生一种朦胧含蓄的意境，形成丰富的美感与迷人的魅力。在现实生活中，我们可以找到不少衣着富有朦胧含蓄美的例子，比如，内穿靓丽毛线衫或丝绒与锦缎之类的碎花小薄袄，外着黑、藏青、墨绿，灰等暗色粗呢、羊绒大衣，在领胸之间透露出一点蕉红的春色，较好地处理了露与不露的关系，给人以美的享受。

暖色调的图案总有一种温暖的幸福感，选择暖色加点白色，温暖与凉爽并存。此外雪纺还是制造褶皱的能手，轻轻捏起的花边把美好留存。让你轻松成为聚会上的焦点。用雪纺制造的层叠效果，可以有很多种表现手法，加入木耳边的设计更新鲜。黑色的神秘感在雪纺的通透映衬下得出另外一种答案：高贵。此外，饱满奢华的黄色不要多，只要一点点，你的美丽就能大不同。

对各种场合，一件式连衣裙总能让森女轻松获取美丽，我们要做的，仅仅就是把它从上到下套在身上，挺胸抬头，要相信你就是最美的。

漂亮俏皮的牛仔短裙是最容易实现混搭效果的单品，尤其在时下设计中加入了众多精彩的设计元素，造就了牛仔短裙不俗的表现力。

周末时，穿牛仔裙是最能显示舒适感的单件，这时只要穿一件简单设计的卡通T恤，森女就能美美地玩上一天了。

格子衣服在搭配时不能上下都是格子，但连衣裙选择格子面料却一向是很跳的扮相。森女非常偏爱色块繁多浓重一些的格子，大红、深棕、炭黑与米白全部交织在一起，如一张彩色而不烦乱的交通网络图。总之，用你的想象力，用格子搭配出不凡的气质。

戴耳饰，早已风靡全球，成为一种美的时尚。不同形状的耳饰，可以使面部丰满、协调、漂亮，具有时代的气息。耳饰如果运用得当，可以增添姿容之美，使人分外妖媚。

胸花，是增强女性魅力的又一种饰物。在胸部耀眼的地方别一支胸花，能引人注目，给人以别致新奇的美感。

另外，项链、手镯、戒指，如运用得当，也可以增加女性的魅力。项链的光泽和形状可以衬托脸形之美，圆脸女性戴项链还可使脸形得以改善；手镯和戒指，在一定程度上可以使女孩纤细的手臂与手指显得更加秀丽多姿。

正值青春年华的森女，并不太注重打扮脸面。因为她们知道，美容最重要的条件倒不在于化妆品，而在于笑。满面笑容，的确能增加女孩美的吸引力，使得人人喜爱。整天愁眉苦脸或冷若冰霜的女孩，即使长得很美，也不过是一个"冷美人"而已，使人可叹而不可爱，可敬而不可亲。笑是女性的利器，笑意盈盈，如沐春风，仿佛流动的风景，引人遐想。因而，日本作家白川涅说，"所谓美人，就是有笑容美态的女人。"

朦胧含蓄的美，不同于袒胸露乳、裸现乳峰那种色情的格调。既露既藏，亦实亦虚，朦胧含蓄，这才是森女要的服饰美。

森女的服饰，美在含蓄，美在朦胧。

05　适合自己的就是最好的

在森女看来，衣服如婚姻，只有适合自己的才是最好的，才能为自己的美丽加分。不适合自己的衣服即使你倾尽财力买下来，也未必能达到这件衣服本身要展现的魅力，说不定还会让自己蒙羞。

对于女孩来说，一生中最大的个人消费就是服装，每一年的衣装都像一个美丽的篇章，融入了这一年的流行时尚元素。但是森女，在穿流行与时尚的衣服，或融入某些时尚元素之前，并不是盲目跟风，而是会先对自身的外形做个清晰全面的了解。因为流行的并不一定适合你，你喜欢的颜色、款式也可能并不适合你。穿什么款式、什么颜色的衣服要考虑到自己的肤色、身材、年龄等自身条件，否则就可能东施效颦、画虎反类犬，让自己处于尴尬的境地了。

《康熙来了》有一期节目，主题是揭秘明星们的衣橱。通过 4 位明星的衣橱，让观众分享一下明星们的穿衣之道。其中一位身材高挑的名模买了一件黑色大衣，那名模身高在 175cm 左右；还有一位身材娇小的女明星，身高在 160cm 左右。爱整人的小 S 就恶搞这位身高 160cm 的女明星，让她穿名模的黑色大衣走台步，这位女明星只好用手拎住滑在地上的大衣。可以想象这位身材娇小的女明星衣橱里会有什么样的裙子，她裙子的长度都是在膝盖以上，这样就可以彰显自己漂亮的脸蛋而规避自己娇小的个头了；而女模特的衣橱里，当然都是突出自己修长美腿的风衣、长裙了。

森女都会穿适合自己的衣服和饰物，这样既能扬长避短，让别人的眼光投放在自己漂亮的部位，又能使自己显得更出众，而不是一味地模仿别人，更不是随时尚的波、逐潮流的流。因为她们很清醒，一旦穿错了衣服，哪怕一件衣服不合身，那么即使你是美女，也会"黯然失色""风光尽失"；如果穿对了衣服，就能令你"顾盼生辉""摇曳生姿"。服饰关乎一个女孩的美丑，一件漂亮的衣服穿在合适的人的身上，那将会带来妙不可言的效果。

每个人都应该有自己的审美倾向。要做到这一点，二十几岁的女孩就不能被千变万化的潮流所左右，而应该像森女那样，在自己所欣赏的审美基调中，加入时下流行的时尚元素，融合成个人品位。融合了个人气质、涵养和个性的穿着会展现出浓郁的个人风格，而风格是最高境界的穿衣之道。

在穿衣方面最有风格、最出位的莫过于王菲这位个性天后。她从来不会跟着潮流走，而是坚持自己的风格，这样她本身的风格就成为时尚，所以她是引领时尚的人，而不是被时尚牵着鼻子走。因为身材高挑，所以她选择服装种类的面很广。她穿淑女裙装能演绎优雅浪漫；穿亮丽背心配背带牛仔裤，就能演绎俏皮的学生；穿黑色小短裙，她也能演绎高贵；贵为人母的她还能演绎娃娃装的可爱。所以她是不折不扣的百变天后，即使隔着屏幕，我们也能感觉到她的自信。

随着王菲归隐家庭，在美女如云的娱乐圈里，外貌并不出众的小S成了最醒目的。因为她知道自己的不足，并把不足变成了让自己自信的优势。她与"姐妹淘"阿雅本来都属于"矮族"，但是通过巧妙的穿衣手法以及她们的自信心，依然给人很"高大"的感觉。高跟鞋搭配短裙、短裤、礼服裙，使得小S显得性感高挑，加上自己的麻辣风格，让人对她过目不忘。

只有自信的女孩才清楚什么款式的服饰最能衬托自己的身材，哪一款太阳镜适合自己的脸形和肤色，什么样的打扮会使自己感觉舒适自如，这些穿衣方面的知识和感觉便将自己的风格顺理成章地表达了出来。

如果你属于娇小型女孩，那么最佳的穿着是朝着整洁、简明、直线条的设计。垂直线条的褶裙、直统长裤、从头到脚穿同色系列或素色的衣服、合身的夹克，都会使娇小型的女孩显得轻松自然。大型印花布料、厚布料、太多的色彩、松垮垮的衣服、大荷叶边、紧身裤等，女孩应尽量避免。

总之，每个女孩都有属于自己的风格，面对千变万化的时尚元素，我们不应迷失自己的方向，而是应该如森女那般，坚持自我，穿出自己的 style。

　　　　　每个女孩都有属于自己的风格，面对千变万化的时尚元素，一定要坚持自我，穿出自己的 style。

06　每个森女都有属于自己的颜色

森女知道，不是任何一件衣服都适合所有女孩穿的。所以，不管你的气质如何的高贵，不管你的外表如何的漂亮，假使你没有找到属于自己的颜色，你就不能真正展现最美丽的你。

森女着装有两个明显的特点，一是和肤色相配，一是和年龄相称。这两个基本点是缺一不可的。

（1）着装与肤色相配的原则

俄国大文豪列夫·托尔斯泰笔下的安娜·卡列尼娜，穿一件黑天鹅绒长袍，把她那洁白如玉的皮肤衬托得更加洁白。小说《安娜·卡列尼娜》发表后，彼得堡的贵妇们率先仿效，掀起了一股强大的时装花色翻新的新潮。巧妙地运用服装色彩，可扬长避短，表现自己的"美点"，掩盖缺点，这是衣着打扮的高招。下面略举几例以供参考。

面色红润——适宜穿茶绿或墨绿色衣服。不适宜穿正绿色衣服，否则会显得俗气。

肤色黑的人——最好不要穿粉红、淡绿色的服装。

肤色黄白——适宜穿粉红、橘红等柔和的暖色调衣服。不适宜穿绿色和浅灰色衣服，否则会显出"病容"。

面色偏黄——适宜穿蓝色或浅蓝色上装，可使偏黄的肤色衬托得洁白姣美。不适合穿品蓝、群青、莲紫色上衣，否则会使面色显得更黄。

肤色黑黄——不要选择鲜艳的蓝色或紫色。

肤色暗褐——不要选择咖啡色。

肤色偏黑——适宜穿浅色调、明亮些的衣服，如浅黄、浅粉、月白等色，这样可衬托出肤色的明亮感。不宜穿深色服装，最好不要穿黑色服装。

黑肤色——一般不宜穿黑色衣服，以及一些近似黑色的深色（如深蓝、深紫等）服装。选择颜色浅又不大鲜艳的色调，可以带一些花色图案，显得明亮、丰富、活跃。

肤色黑而且气色不好——不宜选黑色等冷色调。适宜穿白色衣服，显得健康。不适宜穿青灰色、紫红色衣服，否则会显得憔悴。

白肤色——宜选择的颜色范围较广，但忌近似于皮肤色彩的服装，而且宜穿颜色较深的服装。

皮肤偏粗——适宜穿杂色、纹理凸凹性大的织物，如粗花呢等。不适合穿色彩娇嫩、纹理细密的织物，如金丝绒及拉毛衫等。

（2）着装与年龄相配的原则

在森女看来，虽然服饰对年轻人几乎没有什么禁忌。但还是应尽量避免穿过于华丽的服装，如闪光面料制作的或缀有过多装饰品的服装，因为这会使女孩失去清新、纯净的美，反而显得俗气。

在面料上，趋向于以棉、麻等天然材质为主，配合柔软的针织面料带来清丽佳人的效果。对于服饰上的图案则是田园风，碎花、格纹、民族图腾统统来者不拒，间或搭配刺绣、毛线织物等带有质朴的手工打造印记的配饰，这样搭配不仅看起来甜美而且更显得温暖随意。

掌握了以上两点，你就基本上掌握了森女穿衣服的技巧，你就能够选择出适合自己的服装颜色。

一件衣服不可能适合所有女孩穿，每个人都是独特的，每个人都有属于自己的颜色。

07　森女都是混搭先锋

你是否经常花很多的钱，"跑断了很多次腿"，费尽了很多的心思来为自己添置衣物，结果每天出门前都在抱怨没有好看的衣服穿？你是否买衣服的时候只是考虑衣服本身漂不漂亮，而忘了它是否适合自己？你是否在为自己经常在某种场合穿错了衣服而懊恼？

其实，这些都不是问题，只要你掌握了森女服装搭配的几种方法一些问题就可以迎刃而解了，大可不必去报什么色彩班，请什么形象设计，你就可以做自己的时尚教主，打造属于自己的美丽。

以下我们就来看看森女搭配服装的6种方法吧！

（1）要有衣橱整体观念

买衣服的时候要冷静，不要被漂亮的衣服诱惑。要像森女那样考虑到自己衣橱的整体感觉，做到心中有计划，不要让每个单品之间没有任何的搭配可能，那样的话，你每天都会有了上衣没裤子，有了裙子没衬衫了。一般来说衣橱里的色彩分为几个大的色系，因为不同的场合要穿着不同的衣服，色彩是服装的重要元素，这一点是选择服装的基本要素。

（2）场合观念

服装的穿着场合是很能体现一个人的着装品位的，不要你买的衣服都是适合晚上泡吧的时候穿的，那么明天的面试恐怕你就不用去了；如果明天出席公司的答谢酒会，你还穿着前天从特色店里淘回来的动物图案背心，那么你的职场运程就可能坏到不用去看什么星座测算了。最好的办法是把自己的服装大体上分为几种类型，这样在面对各种场合活动的时候，就能保证自己是耀眼的啦！

（3）色彩忌讳

这个原则最简单，却是森女最看重的，要想成为人们心中美丽的孔雀，也不用把几十种颜色都穿在身上吧！如果你有服装设计大师把握色彩的能力那你就去炫耀，如果没有就老老实实地控制一下自己身上的颜色种类。对于森女来说，穿着最多不能超过三到四种颜色，最保守的手段是打造两种色彩，在某些配饰的色彩上下些工夫，让它们与服装之间的色彩不相同，但却是同一色系或者颜色冷暖相近，这样的话，色彩就会显得丰富又不单调，整体的装扮感觉也很有层次。

（4）款式设计

服装款式的选择确实是很多人最头疼的事情，一般来说裁剪与版型的好坏，只要穿在身上就可以感觉得到，选择款式的基本原则就是这款服装能够掩盖你身材上的不足之处，还能够把你的身材优势都显现出来。如果你的个头非常矮小，却还要穿一件腰线很低的横条纹风衣，那就有些虐待自己的形象了，不如选择一件短小的上衣，浅色的长裤，戴一个可以耀花人眼的项链，把别人的目光都吸引到自己的腰部以上，你就可以很有信心地出现在人们面前了。

（5）面料的选择

森女知道，要保证自己的着装和体，面料的选择绝对不可以轻视。雪纺纱裙和百褶裙这样的基本款式服装都有自己的特定面料，人们基本已经形成的观念最好不要去打破；皮草与薄纱的搭配绝对需要专业人士来指导，否则会让人觉得很奇怪。选择服装的时候，要让自己拥有的很多衣服的面料尽可能的丰富，搭配起来层次感就会很丰富。如果你的衣橱里所有的衣服都是牛仔面料的话，你可以去开一家牛仔店，但是不适合出门。要让自己有更大的适用范围和更广的搭配元素，这个手段你学会了吗？

（6）配饰的运用

森女绝不会忽视手袋、围巾、饰品的作用。因为这个手段可是画龙点睛的一招，一件简单的服装如果配件搭配得好，漂亮指数就会直线提升，配饰的运用要坚持能够让自己的整体装扮显得更有品位的原则，否则再好看也不要。

那么，在知道了森女这6种"手段"之后，就让我们来看看森女具体是怎么搭配日常服饰的吧。

细碎而精致的装饰是森女的主打，白色、镂空、刺绣，一切以精致为首选，搭配上闪光元素，精致让美丽高调登场。

白色一直是夏天永恒不衰的颜色。以白色为基础色的组合中总会流露出很多温柔的韵味，所以白色是配角，更是当之无愧的主角。

白色连衣裙是非常有淑女气质的款式，编织和细丝巾都是让搭配直线上升的利器。强调女性曲线的复古款式再一次成为森女的主导，加以精致的刺绣可以给纯美带来更大的吸引力，也让森女看起来更有光芒。

雪纺，因为其轻盈且富有质感的本质，为设计带来很多的灵感和创造力。爱美的女生当然要有这么一件，让轻盈带给你不同凡响的优雅美感。

在雪纺的基础上加入亮眼的色彩、图案，丰富的变化给出无限种的搭配方案。

每一种流行款式的诞生，都伴随着一次艺术思潮的汹涌。条纹、方格和螺旋混合而制造出的热闹非凡的摩登风格。知己知彼，百穿不殆。让它们为你的美丽增加个性。因为，只有会穿的女孩，才是真正的着装高手！

做自己的时尚教主，混搭出属于自己的美丽新时尚。

08 穿出自然"森女风"

"云想衣裳花想容"。天上的云朵都要彩衣来装扮，森女岂会辜负自己的大好青春。

森女的魅力，就在一袭绰约的罗衣下一点点不经意地演绎至极点。生活中，作为非语言性的信息传递工具，服装在参与人体造型的过程中，能将着装者的气质、容颜、身段糅为一体，对衣物的形态美进行再雕塑，从而打造出一种优雅和谐的美感。

森女之所以具有无穷的吸引力，正是因为她们具有这种独特魅力，就是所谓的自然的味道。想让自己的服饰多一些"自然风"吗？

很简单，以下几种服饰的款式（同质料）就能帮你轻松做到。

（1）手工绣花

年轻的女孩与花向来相得益彰，服饰上的手工绣花是女孩柔情的最佳代表。针织衫的衣角及领口、吊带裙的腰身处、七分裤的裤边都可以成为手工绣花为女孩们展现魅力之处。对于绣花来说，关键之处在于"少而小"，即花朵的数量和面积不能太大，当然这更适合身材较苗条的女孩子。

（2）小亮片

小亮片就像一个百变的精灵，它可以停留在华贵的服饰如晚礼服上，为女孩平添优雅的气质；也能在女孩的薄衫和吊脚裤上出现，为她们带来一缕活泼俏皮的感觉。选择带有小亮片的服饰，一定要注意小亮片的颜色是否和服装颜色相协调，且是否适合自己的肤色，这一点很重要。

（3）格纹

格纹看起来虽是循规蹈矩的，但要让它帮你的忙也不难。格纹用在包和鞋子上最典雅，基本上与任何服饰搭配都能成为"点睛之笔"，当然，广受好评的格子裙也不错。格纹服饰的搭配之道就是——全身上下最好只有一件格纹服饰，让它和素色或单色服装相碰撞，你的端庄和素雅就会在不知不觉间让人感受得到。

（4）根据活动场合选择服饰

休闲在家，或在家做家务时，以穿着朴素的家居服或工作服为佳；参加集会时，则要以外出服为主。参加下午的集会、酒会、音乐会等，要比上午来得正式一些，然而不宜穿表面有亮光或闪光之类的衣服。参加晚宴或晚上的音乐会、戏剧舞蹈展示会时，可穿附金线丝的衣服，这样穿除了可以增加会场华丽气氛外，还可使人置身某种意境之中。参加义卖会或游园会时，可穿质地薄而柔和的衣服，尤其在夏季更为合适。参加野宴或户外旅行时，宜穿质地好而轻便朴实的衣服，除非是出国旅游，即使穿毛线衣与牛仔裤（限国内秋冬季）也无妨。短裤宜于夏季家居或户外运动、比赛，或到海滨、游泳池游泳时穿着。

森女穿衣三大原则：得体、适度与和谐。

得体，是提醒我们的装扮注意符合客观的场合情境。如果上班化着跳舞式的颓废妆，赴一个正式派对腿上穿着满是洞洞眼眼的牛仔裤。嘘，听别人喝倒彩吧。到哪个山头唱哪支歌，到哪个地方化哪个妆，时时掂量掂量。

适度，就是任何装扮都有限度，夸张、遮掩都得适可而止。比如一个身材极酷的美眉，想要让自己的曲线表现得淋漓尽致，于是便袒肩、低胸、裸背、露腿一齐上阵，结果让人惊讶你的节省布料，这便是过犹不及了。

和谐，是美丽系统的统一。你的装扮需要一个主题，一种风格，一部曲调。身上的服装已定为典雅文静的格调，却把发型做成狂放的"爆炸式"，这就像在悠扬的乐曲中突然吼一句粗鲁的声音一样不协调。

一款衣装的得体美感，能够折射出时代的气息和韵味。欲将自己装扮得体而又有风度，就应该拥有一款人见人爱的、唯我独有的时装。

这款时装不会因换季降价，也不会因岁月苍老而褪色，它是你一生中最美的一件，绝非金钱所能购得的，因为那是用你的优雅气质所缝制的。

只有自然的才是最美的，女孩们，开动脑筋让自己的服饰多一些"自然风"吧！

09 做自己的服装设计师

服装是女孩们自我表现的工具，是在视觉上表现个性及自我设计自我感觉的捷径。

森女在追逐时尚的同时，将个性与同一性融为一身，寻求新意，自我表现。社会认可以及异性或同性的好感都会由此产生。

也正因如此，森女越来越倾向于服饰制作，也因此，各个裁缝店生意兴隆，各种服装学校人满为患，各家布匹商店人来人往，为什么服装制作会有如此魅力呢？

（1）对于森女来说，自己制作的服装有利于体现个性。每个人都是独特的，每个人都有与众不同的地方，每个人也都有特殊的兴趣爱好。在大街上流行一类或一种服装款式时，人们更愿意通过自制服装达到设计自我形象的目的，从而加强自我满足感和改善自我评价。

（2）自己制作的服装质量能够得到保障。现在，伪劣假冒商品充斥市场，也许你曾遇到这样的事：一件两百多元号称洗涤棉衣料制成的免烫不缩水的衬衫，穿过一水以后，才发现原来合适的衬衫已经短小的不能再穿了；一件纯毛长裤，穿上之后，才发现起静电起得厉害，不但吸灰而且贴身。相比而言，买布料似乎更易从质量上得到保证。做成之后，也不会在关键时候令你出现这样那样的尴尬。

（3）当着装者选择服装的目的是为了求实惠时，买一件穿着方便、朴素大方、经穿耐磨又便于洗涤的服装，便成为消费者经常到各种店环顾比较的主要原因。对这类收入不丰的消费者而言，生活的内容要比形式重要得多。服装价格的重要性胜于款式，质量胜于流行与时尚。但收入虽多却不讲究时尚，对服饰持节俭习惯的也不乏其人，尤其是当社会的富裕程度还不高时，这种心理普遍存在着。

（4）对于森女而言，制作服装可以满足她们的特殊需求，那就是为了寻找乐趣，充实自己的生活。随着社会的发展，工业文明的提高，人们的闲暇时间也日渐增多，于是，人们愿意以更多的方式满足自己的业余爱好，在悠闲的慢工细做中，人们能找到内心的平静与恬淡。

但是，在制作服装的过程中，我们要注意以下几点：

首先，要设计好计划制作的服装，要充分考虑到线条、形状、空间、材料和色彩五种因素之间的协调，也要充分考虑到各种因素和你之间的关系。制作服装可以遮盖你的不足，所以一定要对自己有一个清醒的认识，在设计过程中，充分考虑细节问题。要想使你的颈部纤长，设计时可选用平领口或 V 领口，同时褶皱或重叠领肩部位；要想掩饰过长的脖子，可选用圆领或卷边的领口，立领和高领也可以；为了使肩显宽，设计中可以采用垫肩、蝙蝠袖，衣料可以选择厚重的那种，最好再有大块或交错的图案，做成的最佳服装式样可以是有肩的夹克或肩头宽大的外套；为了使肩显窄，可以选择平滑的衣料，深而单一的色彩，式样可以插肩或窄袖。有些女孩子胸部较小，为使胸部显得丰满，在设计中也应充分施展出你得才能，比如，选择宽松、有花纹或多层的衣料，上装用鲜艳颜色、轻松色调图案，胸部要使用贴袋等装饰细节。若想是胸部显小，也有一些小小的技巧，使用光滑平坦的衣料，裁剪简单的式样，深而单一的颜色，围腰不要太高，以免突出胸部，更要注意胸部绝不能用图案装饰，也要避免横褶、花边、贴袋等装饰细节。

更多的女孩关心的是自己的胖瘦，胖女孩要想看起来纤细，可选用深色而质地较硬的布料，别要口袋和腰带，别穿收腰外衣。若想使腹部显得平坦，可选择质地硬而平滑的衣料或深色的衣料，竖条纹布也是不错的选择，上衣长度一定要裁剪至臀部，腰上也不要系饰带，以免突出腹部。若想使臀部和腿部显小，尽量不用白色和彩色的面料，裙子与外套的下摆要宽松、柔弱、上衣、背心和外套最好齐腰或在臀部以上，别越过大腿，避免臀部和大腿处用装饰口袋，不要用腰带，最好也不收腰。若想使腿部显得纤细，下身着装深色和简单的款式会使人减少对腿部的注意，要避免太贴身，而且，裙摆切忌到小腿中部最粗处，最好用荷叶边、花边等装饰。

考虑到这些细节之后，在你的设计图上做些修改，一件别致美丽的衣服就跃然纸上了。

自己动手，我的风格我掌握。

10 森女穿衣的体型缺点"障眼法"

森女认为，年轻的女孩们，不论高矮胖瘦都有权利让自己显得美丽。如果一心只想着"等我瘦下来的时候，我要如何打扮"的话，那你可能永远都要穿得像个老太婆了。现在，在等你变瘦、变得更完美之前，先来学习可爱森女的穿衣哲学吧！

森女都是服饰大师，因为她们懂得美丽的服饰胜过一切！法国服装大师皮尔·卡丹说过，"生活，不能没有艺术。"而美国社会预测学家约翰·奈斯比特在《大趋势》一书中说："对于今天的艺术——所有的艺术而言，如果说有什么特点，那就是有多种多样的选择。服装潮流后浪推前浪地迅猛发展，服装的表现内容和表现风格的丰富，服装款式的更新更加高速化、普及化。"

而森女无疑是站在这潮流的最前端。在熙来攘往的人群中，我们的眼光被一些打扮清新自然的女孩所吸引，漂亮而又返璞归真的穿着使人眼前一亮，高雅脱俗的装扮令人心旌摇荡。那服装与她们个人融为一体，我们不禁在想：她们是如何装扮的？这有什么样的技巧呢？这一篇中，我们将为你详细解答森女的穿衣哲学，让你也成为众人羡慕的焦点。

首先，记住三条穿衣基本观念：

（1）如果没有自信，再美丽的衣服都不能使你变成天鹅。

（2）穿衣要诀很简单，就是掩饰缺点，展示优点。

（3）只要了解身材的优缺点，美丽就不是问题。

下面就是几种体型缺点障眼法，只要你合适地穿衣：

（1）身型缺陷的女孩

①娇小的女孩想显得较高挑，应该选择明暗度相似的色彩组合。

②珠圆玉润的矮小女孩穿着法则是，线条简洁，偏深色系，质地无闪光；高领毛衣、直筒裤、A字裙可多多置办。

③体型较大的女孩的最佳款式是合身略带一点宽松的裁剪；衣着应以深色、图案以浅色为主；质地不要太厚重。

④阔肩女孩穿衣时应选择遮盖住肩骨或肩幅较小的款式，具体来说，连帽、高领百褶、船形领有遮掩倒三角形身材的作用；高圆领、圆高卷领与卷袖口设计，可以缓和肩幅与肩骨的突出感。

（2）脸颈缺陷的女孩

①大圆脸的弥补方法是，以裸露脖子的V字领、U形领及方领改变视觉比例，让脸整个缩小，肩膀也不致太单薄；开领设计则可露出美丽锁骨。

②脖子粗短忌穿套头衫，忌佩戴饰品；宜选择领口较大（如方形领、大圆领）的衣服，将脖子部分完全展现；想有天鹅般高贵的脖型，V字领是不错的选择。

（3）腰型缺陷的女孩

①腰粗的女孩着装，在款式上，最适合的是裙摆处有细致花纹设计的A字裙，但下摆不能太宽；最忌的是直筒设计与百褶裙，细褶使视线往两边扩展，更感腰部粗大。

②长腰身的女孩宜穿掐腰的上衣与合身的腰带、长窄裙、合身长裤；忌穿低腰裤裙与高筒靴。

（4）腿型缺陷的女孩

①有萝卜腿的女孩，最佳裙长是正盖过膝盖；最佳款式是直线条设计；忌穿大摆喇叭裙。

②大腿粗壮的女孩，最佳款式是直筒设计，贴身裁剪不仅不能让腿部修长，还会欲盖弥彰；忌穿大腿曲线一览无遗地弹性质地裙裤，它会将视线聚焦在大腿上。

③小腿过细的女孩多穿紧身短窄裙、及膝裙和低腰中长裙；忌穿高腰直筒裤或长裙。

（5）胸围较大的女孩

选择质地较轻便的上衣搭配较厚重的裙或裤，有调整身材的作用。最佳款式：剪裁适中、式样简单、无赘饰的中长或长上衣用于减轻上半身的分量，有袖及膝的套装用于平衡上下身；适合的色系是深色系，有收敛效果。

（6）臀围较大的女孩

一句话，就是把人们的注意力从臀部转移走。衬衫衣摆自然下垂在外，搭配宽松长裤；长裤两侧有口袋，口袋位置稍微成八字形，美化臀部线条。

设计师建议：性感的领圈、长外套和及膝裙。

（7）穿出修长效果

搭配色彩、款式、质地、图案……这么累无非是为了穿出修长的效果，以下就是几个小原则：

①领口敞开使脖子显得细长

②合身的直筒裤使双腿修长

③过臀的长上衣藏起粗腰与小腹

④自然下垂的裙摆减少臀部的分量

⑤前开襟、单排扣比斜开襟显瘦

美丽的服饰胜过一切，从现在开始，谱写自己的穿衣哲学吧！

森女的“妆饰”观：
自然的，就是最美的

01 森女，美在自然

整容、丰胸、隆鼻、丰臀……渴望美丽的女孩们为了追求外表美不仅花去了大量的金钱，而且还投入了大量的精力和时间，最终不仅没能留住美丽的容颜和修长的身材，反而弄得面目全非，与真实的自己背道而驰，让自己活得很累。

叶子就是对自己相貌很在意的女孩，为了达到她所期望之美，就去美容院做了整容，结果美容不成反毁容，好好的一张脸出现了白斑，到医院一检查原来是做整容手术时皮肤出现过敏，于是来到一家专门治疗皮肤的医院，花了 2000 多元，开了三个月的药才转危为安。从此，叶子下决心以后再也不做整容的傻事了。

对于天生的容貌，女孩们当然可以通过适当的修饰使之趋于完美，锦上添花。但为了追求美而不择手段往往会使自己得不偿失。单眼皮，花几千块钱变成大眼美眉；难看的平鼻，在几个月内隆成万众瞩目的鹰钩鼻；电视上瘦身的广告，更是充满了诱惑……这种不惜高成本的做法，不知道这些女孩是在真心地疼爱自己，还是在无意地折腾自己。

在森女看来，女孩子对自己好并非一定要投入大量的钞票去刻意地改变自己，与后天整形创造的美相比，自然美才是极致的美。正如托比语录所说的："21 世纪，什么样的女孩最漂亮？那就是美到极致的自然美。"

什么样的美才是自然美呢？自然美包含了两个方面的内容：一是容貌的自然美；二是来自心灵的美。

拥有自然美的女孩，无须刻意的雕饰，无须胭脂红粉来涂抹青春，无须富丽堂皇的装扮，无须别人视她为花瓶去作摆设，她们不会在某些场合别有用心地戴上伪装的面具，去迎合别人赞赏的目光，不会因名利、功绩而烦恼，不会因得不到太多人注意的目光而苦闷，她只为自身的价值而存在。因为她们知道一个人外表容貌的美丑是父母给的，是在娘胎的时候就定了型的，人为地去改变本来的原始面貌，再怎么也改变不了美丑的实质，无非是多了一份虚荣，多了一层虚假的外衣；这样即便再美丽再动人，给人的感觉也是假的，也不会有真实的感觉。

如果你的容貌算不上漂亮迷人，但是你拥有森女那样健康的肌肤，美好的心灵，发自内心的微笑，真诚的待人接物，不虚伪，不做作，会使人感觉很舒服，别人很愿意跟你交流，这就是心灵美产生的魔力，内在的心灵美才是我们应该追求的。

此外，从广义上说，外貌是一个人的外在特征和内在素质的有机统一，由人的容貌、姿态、服饰打扮、言谈举止和良好的卫生习惯等因素构成，一个人的内在素质，如思想、修养、道德、生活情调等方面会在很大程度上影响一个人的外在美，提升内在素质才会提升你的魅力，使你看起来更美。

总之，我们要像森女那样发自内心地生活，才能拥有无拘无束的美丽，才能看起来年轻自然、轻松潇洒，不用在美容院、健身房投入大量的金钱。当然，这关键是对自己的容貌有底气，坚信自己的美丽。

发自内心地生活，才能拥有无拘无束的美丽。自然的，就是最美的。

02 化好心灵的"妆"

森女美在自然。很多女孩子，长得虽不漂亮，但是善良热诚，给人如沐春风之感。有的容貌虽平淡，但却有种书卷气自然流露清丽脱俗。自自然然，一样清新爽洁，充满自信和美丽。

"人不是因为美丽而可爱，而是因为可爱才美丽。"

古罗马哲学家西塞罗认为，一个人如果年轻时就很注意修身养性，到了老年也依然从容、愉快。容貌不能永远年轻，丰富、恬静的心态是可以永驻的。

森女具有一种特殊的处世魅力，她们更容易博得人们的钟情和喜爱。她们更像绵绵细雨，润物细无声，给人一种温馨柔美的感觉，令人心荡神驰、回味无穷。

温柔，对于一个森女来说，它不仅仅是一种诱人之美，是一种高尚的力量。而且还是装扮心灵最好的"化妆品"。

温柔是女孩最动人的特征之一。在事业上，你可能不是一个女强人，你的学历也可能不是那么高，你的厨艺也许不怎么样，你的手也许很笨拙，你的长相真的挺一般，总之你绝对不能算得上是一个十全十美的俏佳人，但你有一大特点，你很温柔，这就使你吸引了许多人的注意。在他们眼中，你的这一特点比所有的特点都要可爱，温柔的女孩走到哪里，都会受到人们的欢迎。

温柔是女孩们独有的处世法宝，也是女孩们的宝贵财富。如果你希望自己更妩媚、更完美、更有魅力，你就应保持或发掘自己身上作为一个女孩所独具的温柔的禀赋。

造物者用了最和谐的美学原则来创造人类，它赋予了男性阳刚之美，又赋予女性阴柔之美，正因为两性之间各有其独特形态而形成鲜明对比，才使男女对立统一地组成了人类绝妙完美的世界。

阴柔之美是女性美的最基本特征，其核心是温柔，温柔像春风细雨，像娇莺啼柳，像舒卷的云，像皎洁的月，更像荡漾的水。女性之美，美就美在"似水柔情"。女作家梅苑在《美人如水》一文中说，女人有点似水柔情，才有女人味道。真是高论妙极。

可见，女性的诱人之处，正在于有似水的柔情，正在于温柔。女性的似水柔情，对男性来说，是一种迷人的美，也是一种可以被其征服的力量。一位诗人说："女性向男性进攻，'温柔'常常是最有效的常规武器。"女孩的温柔应表现在：善解人意，宽容忍让，谦和恭敬，温文尔雅。不仅有纤细、温顺、含蓄等方面的表现，也有缠绵、深沉、纯情、热烈等方面的流露。有的女孩无限温存，有的女孩像一道汩汩地流泉，通体内外都充满着柔情……总之，女孩的柔情各式各样，都像绚烂的鲜花，沁人心脾、醉人心肺。

那么在处世中，怎样才能让自己像森女那样表现得更温柔更可爱呢？你可以从以下几个方面着手来培养自己的性情。

（1）温馨细致

让人心动的不是一个女孩做出了多么惊人的业绩，更多的情况下，是女孩那种适时适地的细心关怀和体贴，最能叫人怦然心动。一同出门时，吃东西弄脏了手，你备好纸巾递上；衣服扣子掉了，一向细心的你正好带着针线……虽然都是些小事，但却于细微之处充分体现了你作为一个女孩的温柔和魅力。

（2）性格柔和

绝对不要一遇事不顺就暴粗口或火冒三丈。以柔克刚，这是森女处事的最高境界。到了此境界，即使是百炼钢也能被你化作绕指柔。

（3）不软弱

温柔决不等于软弱。温柔是女孩应有的美德，而软弱则是要克服的缺点，二者不可混淆。

总之，温柔可以体现在各个方面，在森女的生活领域处处都能体现出温柔的特征。作为一个尚年轻的女孩，应当通过学习，通过认识自己、认识社会和切身体会等途径，去培养自己的温柔。

在森女看来，只有热爱生活，化好心灵的妆，生活才会变得美好，热爱生活的你同样也会变得美丽。

只有热爱生活，化好心灵的妆，生活才会变得美好。

03   快乐心情"妆"出来

有人说："气质天成，丽质天成。"但佛语也强调：相由心生。森女懂得，孩子的容貌和气质最终还是靠内心滋养的。俗话说："30 岁前的相貌是天生的，30 岁以后的相貌是靠后天培养的。"只要你善于在繁忙中挤时间来修炼自己的心灵和身体，每天美丽一点点，快乐和自信就会随着美丽而来。

年轻的女孩如果能够把自己打扮得令人赏心悦目，不仅能给予他人快乐，也能给予自己莫大的快乐！不管先天如何，女孩子一定要设法令自己看起来漂亮。首先欣赏自己，然后再让别人欣赏。你虽然无法选择先天形成的基因，却可以通过后天的努力，让自我形象光彩照人！因为美不只是天生，更是一种善视自身的修炼结果。你可以挤时间锻炼自己的身体，保养自己的容貌，呵护自己的秀发，你也可以挤时间去读书，去欣赏艺术，去了解时尚，去培养专长，从个性品位开始设计自我美丽的形象。你淡淡的妆容、盈盈的微笑、随和的性情、独到的品位，传达着内心的成熟与丰富，给人一种悦目之美，你的魅力就在一点一滴中散发出来。你富有情调的服饰、优雅的举止、适宜的妆容、睿智的内秀，无不尽情展示着你的魅力！

被别人称赞美丽的女孩，没有一个会不快乐。

看过太多原本青春靓丽的女孩子，在生活的琐碎磨砺中，渐渐放弃自我的修炼，不消几个月，就变成一个终日怨天尤人满脸焦灼且烦乱的憔悴女。反之，一个原本相貌平平，并不十分出色的女孩，但注重修炼内心，锻炼肌肤，没过多久，就呈现出奇的靓丽，令人耳目一新。

善于打扮自己的女孩无疑是生活中一道亮丽的风景，自己快乐，也令他人快乐。作为年轻女孩，你不只要用心打扮自己的外貌，还需要用心塑造自己的气质。打扮自己不仅是为了取悦男人，更是为了活出自我的快乐和精彩。飞扬的神采，美丽的姿态，得体的妆扮，深厚的修养，无不展示着一个年轻女孩的动人魅力。出色的女孩都善于保持自己的形象，塑造美丽的外表，因为做美丽女孩的感觉真的很好！

善于打扮自己的女孩，都是爱自己的。爱自己的也可能会有得有失，但每一份得失都是主动的，因而也是快乐的。现在的你我完全可以听从自己身体深处的声音，按本性去生活，任何理由都不足为借口，因为生命仅此一次。也许会难免有悔。但绝不让 5 年后的后悔和今天的一模一样。如果我们需要，就让我们主动表达，而不是把心愿像矿藏一样埋藏。让我们学会说出：我想，我要，我希望，我喜欢……这些词汇将帮助我们更主动地掌握生活。

一个连自己都不爱的女孩，有谁会爱她？她又怎么会快乐呢？

一个女孩先要爱自己，敢于爱自己，把自己当成生活的重心。即使伤害来临，也要在黑暗中为自己点燃明亮的光火；即使失去，勇敢和自信也会让我们重新鼓起勇气！

森女知道，你想让别人爱你，首先你得先做一个值得别人爱的女孩，打扮自己的心灵和外貌，天天向生活投射一个最美的自我。

也许你会哀叹自己没有天生丽质，没有窈窕的身材其实你根本不必哀叹，你的命运都在自己的手心，这源于你的一颗心，一颗事事都坚持不懈追求完美的心。你要对自己有信心：岁月无情，但我会更加美好，无论笑容肌肤以及体重，都在我自如的驾驭中。一天也不要给自己留下懈怠的口实，绝不推诿生命的责任。一个女孩肉体被打败，精神上也会无从寄寓，而那些精神上始终毫无松懈，常常自我反思的人，会对自己的身体与容貌格外珍惜与看重，这是灵与肉绝对的统一。

亲爱的女孩，从现在开始行动起来吧！像森女那样，让自己更加的美丽和自信，只有这样，人生的风景才会温暖，才会有春华和秋实。

　　　　学着修炼自己的心灵和身体，每天美丽一点点，"妆"出最美的自己。

04　美丽从"头"开始

拥有一头乌黑亮丽的秀发是每个女孩梦寐以求的事。发髻是东方美人的标志，古时的美女经常在头上插一枝鲜花，犹如羞答答的玫瑰静悄悄地开，用不着非要正面证实美人究竟美到何种程度不可，只是一头秀发，就足以让人倾倒。下面我们就告诉大家几个森女美发的秘诀，帮助你拥有一头滋润滑顺的秀发。

（1）洗头最好将1/4的护发素留在头上

大部分发型师都认为，过度洗头对头发有害无益，如果每天洗发，会对发质造成损害。而大部分的开叉或过度蓬松等，都是因为头发干枯所致。所以说，洗头后护发时不要把护发素全部冲洗掉，如果能在头发上保留大约1/4的护发素，就会对头发做一个延续保养和保护，防止水分过快蒸发，防止外在环境对秀发的直接伤害。

（2）按摩头皮

头是穴位集中地之一。按摩头皮不仅可以提神醒脑，消除疲劳，而且可以达到美发的目的，常做更可以使头发乌黑亮泽。平日如果自己按摩，建议用带有薄荷成分的洗发水，用了这种洗发水按摩后能完全舒缓头皮。

（3）美发工具的使用

涂抹护发素后用密齿梳比较好。先把护发素充分地涂抹到发丝上，因为一个人大约有12万根头发，只有使用密齿梳，才能更有效地使护发素均匀地分布在每根发丝上，洗掉护发素后，就要用宽齿梳上下疏通，再用密齿梳。

（4）自然风干

吹风已经过时，过分吹直的头发令人看起来老套不说，更重要的是要把发丝上的水分都吹跑了，久而久之，当然成了一把枯草。而自然风干，不仅可以防止皮面发丝的水分过分流失，还不会对秀发造成人为的伤害。

（5）发膜呵护

除了每次洗发后用护发素润发之外，每周还要再用发膜进一步呵护，发膜相当于面膜，含有许多强韧秀发、减少头发脆弱度并能增加秀发光泽度的成分。发膜护理能修护受损部分，抚平毛鳞片，使发丝柔顺好梳理，或者是增加干燥受损头发的光泽感。使用发膜，要在洗发后去除多余水分，将发膜均匀涂在湿发上，让其充分作用于发根至发梢，按摩3分钟后用清水冲洗。

（6）活化再生

葡萄柚精油具有活化再生与软化头皮的作用。可以经常用它轻松地刺激按摩头皮，帮助循环并振奋毛囊，增加毛囊的养分供给，使头皮更容易吸收其他的护理产品。葡萄柚精油最好每周使用一到两次。

（7）营养摄取

蛋白质不只是人体重要的营养物，也可以增进头皮与发质的健康，是秀发柔顺的一个非常重要的因素。摄取足够的蛋白质，可增进头皮抗氧化的能力，通过调节皮脂，避免头皮氧化造成发根受损；也不妨多吃含矿物质碘与锌的海中食物，来增进细胞修复能力，强化免疫力，保持头皮和发丝的美丽和健康，而这些才是美丽秀发的根本。

女孩们，赶紧行动起来，让美丽从"头"开始。

05 森女的眼睛会说话

眼睛是心灵的窗。这话说得非常有道理，一个人的眼睛里，不仅能看出她的身体健康程度，更重要的是，眼睛能反映出一个人的内心世界。

眼睛的美丽重在神采，这"神"指心理状态，"采"也就是后天的养护眼睛的明亮光泽。为了让自己拥有一双会"说话"的眼睛，面部最让森女费心思的也莫过于眼睛了。还有一些爱美的女孩甚至为了拥有一双美丽动人的眼睛而大动干戈，割双眼皮、纹眼线、重修眼形等。

你双眸的注视会令对方产生情绪反应，这是有生物学依据的，当你两眼一动不动地刻意看着某人时，对方的心跳会加快，将一种类似肾上腺的物质释入血管中。这和人在陷入爱河的生理反应一模一样。如果你刻意增加眼神接触，对方会认为他已俘获了你的心。

若想亲近某人，你的眼睛会游移在对方眼睛至下巴乃至上半身之间。在亲密关系中，你眼睛注视的是对方眼睛至胸部的三角区域；如果关系更近一步，你的注视会是在对方眼睛至胯部的区域。相爱的恋人这样彼此对视，就是向世人表白："我们是亲密的一对儿！"

如果你想要制造浪漫，可以将眼神的火力全面集中，它传递的信息是"我的眼睛离不开你"或者"我的眼里只有你"。人类学家曾将眼睛比做"最原始的浪漫器官"，因为根据研究显示，大量的眼神接触，会打乱人的心跳，也会释放出类似迷幻药的物质，影响神经系统。人体处于性兴奋状态时，体内也能探测到这种激素。所以，我们不难推论，大量的眼神接触能挑动情欲。

生意需要经营，婚恋需要经营，眼睛也同样需要经营，科学地用心保养眼睛，对于20岁以上的女孩来说是非常有必要的。最基本的护理是早晚使用眼霜与3~5分钟的简单按摩，在乘公车、地铁时可以做做眼保健操，你还可以选择到办公室外操练。需要提醒的是，不要用面膜代替眼膜使用。因为眼部的肌肤特别细嫩，肌肤状态也不同于面部，所以一定要进行特殊护理，眼膜不要选择撕拉式，那样会使皮肤松弛，受损伤。

眼睛以其丰富的表情及夺人心魄的魅力成为面部理所当然的主角之一。如果你恰恰不拥有那种大而有神的眼睛，不必苦恼。不妨试一试森女那些为眼睛增添妩媚与神采的妙法：

（1）首先应选择与肤色接近的茶色或棕色系眼影，在眼尾的睫毛处轻轻涂抹，可使眼睛明显增大。但必须注意，每次涂抹应蘸少量眼影粉，宁可多次涂抹，也不要一次涂得太多。

（2）眼线画在睫毛根部，一定要使用比眼影深一系的眼线笔，才能使眼睛看起来乌黑有神。完成眼线后，用棉棒轻轻抹开，使之呈现模糊感，如此，眼部看起来便更显自然，更加迷人。

（3）在眉下部位，涂上具有透明感的亮色眼影，以增加眉毛的高度及眼睛的明亮度。

（4）下眼睑涂上冷色调的眼影，涂法可同步骤（3）。注意，眼影要从眼角刷向眼尾，以增大眼睛的轮廓。

（5）将上睫毛涂上睫毛膏，以增加睫毛的浓度和密度，使眼部看起来更有立体感。

（6）不要忘了涂下睫毛，因为浓黑的下睫毛可使眼睛增大，轮廓明显。

总之，养护好你的眼睛很必要，也很重要。即使你年龄再大，你的眼神同样也会散发出光彩；即使你年龄再大，你年轻时的美貌也仍能从皮肤和眼睛上再现出来。

眼睛是心灵的窗户，女孩们，好好呵护自己的眼睛吧！

06　手是森女的"名片"

有人说，手是女孩的"名片"，还有人说，手是女孩的第二张脸。在西方，女士如果和男子见面，还要把手背伸向男子，接受男子的一吻。在社交中，手传达着人们的感情和思想，代表着人们的风度和魅力。所以，手的美观就显得尤为重要了！

自古以来，中国人就非常重视手的美丽。在古代美女的十大标准中，就有一条是玉指素臂。人们为素手美提出了十分详细的标准：手长度是宽度的两倍半左右，中指的长度是手的长度的一半以上，手的大小适中，手指纤细，指甲大而薄圆、干净整齐，静脉血管不明显，皮肤嫩滑、细腻、无斑点等。《诗经》中"手如柔荑"就是讲女孩双手的美。荑是茅芽，又软、又嫩、又白，用以形容玉手的柔嫩细腻。

女孩的手作为具有审美价值的人体意象，除了被有情人牵挂外，也被无数文人骚客赋诗入画，成就了女孩手的丰富表情和特殊含义。

"蹴罢秋千，起来慵整纤纤手"。这是我国历史上最有名的女词人李清照早期作品中与手相关的词，"纤纤"二字一下子就突出了一位情窦初开的少女的纤弱和美丽。陆游的《钗头凤》中关于手的描写也很有名，"红酥手，黄藤酒，满城春色宫墙柳"。作者以"红酥"这两个充满美感的字眼描绘出了手的美丽。到近代，女作家张爱玲的文章中有许多关于手的深刻感悟的句子，其中最有名的是"作了一个苍凉的手势"，她的每一篇文章都像一个苍凉的手势，深刻地刻画出人世的沧海桑田，而她自己最终也以一个苍凉的手势作别了与世隔绝的人生。女性的手被文人赋予了抽象的哲理和象征意义。

其他国家的人也十分注意手的美化。法国著名的女性美容评论家约兹特·利昂夫人说："手是女人的身份证明书。"在法国，许多家长让女孩子从小就去学习芭蕾舞，这当然不是要把她们从小往芭蕾舞演员的路子上培养，而是希望她们有优美的手势和优雅的举止。

从古至今，人们为女人的手发明了很多配饰，更加把一双纤手点缀得风情万种。

（1）戒指

在纤纤玉指上戴上一枚造型独特或缀有小宝石的戒指，会显得格外诱人。在中国，戒指的使用至少有两千多年的历史。从大量文献来看，秦汉时期，我国妇女已普遍佩用戒指。戒指传至民间，其作用就不仅是简单的装饰品了。男女相爱，互相赠送，山盟海誓，以此为证。

根据惯例，我们习惯把婚戒戴在左手的无名指上。按照中医学人体经络的分布，左手的无名指上有一条叫做三焦经的经络，它是调整人体荷尔蒙分泌的主要通道，还可用来探明和发现内脏器官的情况和发病部位。因此，有人称结婚戒指是"人体荷尔蒙分泌促进器"。

（2）手套

为保护手的美观，避免皮肤受到伤害，一些注重保护手的女性，开始戴着手套干活。手套最先仅仅是作为手的"卫士"而深受欢迎，后来手套进一步发展成为重要的服饰，它不仅保护手，而且还是美化手的重要饰物，成为一些贵妇人的宠物。在喜庆佳节、重要宴会，不同面料和式样的手套经常作为重要的装饰戴在女性手上，以此来显示荣贵。在西方，还有将手套当做爱情信物的。将手套作为装饰用品的名人有法国军事家拿破仑。据说他特制了质地柔软的皮手套。其后，女演员萨勒发明了长袖黑手套. 从而增添婀娜的风姿。如今，手套作为一个时尚配饰的流行，能够让我们的双手分享时尚之美。

作为一件配饰，手套特别能突显优雅的气质。服饰中灵活运用撞色、不同材料的搭配技巧用在手套上反而显得突兀。戴手套应该是为整体形象增色，而不是去冲撞。比如，中性帅气造型配加大码手套；可爱少女模样配针织绒线款式；尖锐性感形象配贴身长手套；考究贵妇打扮少不了一副软皮手套。

（3）手镯

戴手镯也是女性美化手的一种方法。手镯不仅能直接装饰我们的手，而且还有一定的保健作用。据说，巴基斯坦妇女之所以体态修长俊美，主要得益于她们长期戴手镯。医学专家研究发现：对于位于前臂的小神经来说，手镯无异于一种轻微按压器，使之对内分泌腺，特别是甲状腺和肾上腺发生一种神经冲动，促进腺体分泌，加强人体分解代谢，包括脂肪代谢，故有利于保持体型健美。如果既戴手镯又戴戒指，应当考虑两者在式样、质料、颜色等方面的协调与统一。

爱护自己的双手，打造自己的美丽"名片"。

07　美丽指甲色斑斓

喜爱时尚的森女也会常常买几瓶指甲油，洗净双手，用小刷子轻轻地在指甲上涂上一层自己喜欢的颜色，然后再用精致的小工具把自己的指甲个个装点变美，一双玉手便会彩光四射。举起双手，在手的映照下，连人也顿然活脱鲜亮，个性洋溢起来。

下面就来看看森女是如何妆扮自己的指甲吧！

（1）指甲选色技巧

打造一个靓丽形象，指甲的装扮必不可少，而其中的重点，是要选好指甲油的色系，看一看哪个色系适合自己。

①红色系

酒红色：它是万能色指甲油，色泽深，能遮掩指甲的乱痕，让肤色显得更白皙。即使不配首饰，也极显女性魅力。

提示：指甲的形状宜为卵形或方形；酒红色展现的是高雅的美感，一定要喷香水。

粉红色：它散发着浪漫的气息，表现出可爱的少女味，使用时别忘了戴上式样可爱的首饰。要想尽展浪漫风情，应搭配粉嫩、透明的配件。

提示：因粉色属于浅淡色彩，使用后会让指甲显得粗糙，凸凹不平，所以要先将指甲表面磨平，以展现光泽感；粉红色指甲油的搭配性最强，任何纤细秀气的设计都适合。

②绿色系

墨绿色：非常适合指甲短小的女孩，给人很酷的感觉，如果想尽展个性美，就别错过这个颜色。它与民俗风格装扮很搭配，最适合皮革或手工格调首饰。

提示：为了不让肤色显得过于暗沉，涂用这种色彩的指甲油，最好搭配亮色上衣；太长的指甲不适合涂墨绿色，会给人以病态、肮脏的感觉，一定要将指甲剪短，稍长于手指0.2厘米即可。

亮绿色：带有珍珠光泽的亮绿色充满未来感，会使你的指尖更亮丽，适合搭配米色、咖啡、灰色服饰与首饰。

提示：想强调亮绿色指甲的美丽，最好搭配典雅的上衣；指甲或指关节色泽暗淡的人，最适合涂亮绿色指甲油。但千万别忘记搽护甲油，以免指甲变黄。

③银色系

这是具有未来感的色彩，比银色眼彩更能表现现代都市美感。涂上银色指甲油，再配上必要的银饰，色彩更加统一，若能配上珍珠色泽的彩妆则更有平衡美。

提示：因为银色指甲油添加了珍珠粒子，所以很容易涂抹开，要想涂得漂亮，涂抹的顺序就非常重要。不妨涂两次，第一次可先涂右边，然后是左边；第二次要先涂左边，然后右边。

④冰蓝色

冰蓝色是绝对夏天的颜色，若搭配同色系首饰，效果会更好。

提示：要做好手指的美白工作，恢复双手的透明质感，强调双手肤色白皙；没空做双手护理的人，涂上冰蓝色指甲油后，可再涂上银色亮彩指甲油，也能使双手白皙。

（2）彩甲新造型

近年来，美甲越来越多姿多彩，从小钻石装饰、闪光甲油到精美的图案都与服装的简约形成美丽的陪衬。不同的着装和场合应该搭配不同的指甲油色彩和指甲图案，下面以流行的方形甲为例，列举几种彩甲的新造型：

①水晶指甲

用水晶粉混合特制药水，然后根据每个指甲的弧形位置平铺在指甲上，使它和自然指甲浑然一体。作用是加长指甲、改善指甲形状，进行描绘、彩贴、镶钻等加工设计时有更大发挥空间。

②彩绘指甲

用不同颜色的特制指甲油在指甲上画上各种图形，主要是简化了的花、蝴蝶等。在假甲上描绘可以保持比较长的时间（1个月左右），在真指甲上描画则会因为汗液而容易脱落，最多只能保持1个星期。

③丝绸指甲

在真甲或假甲上粘贴纯白色的丝绸，然后再涂上指甲油，或描画花样，或只涂光油，指甲会更白皙、细腻和有质感。

④贴片指甲

用塑料假甲来延长指甲，为了使指甲贴片更牢固，真假指甲上贴尼龙、丝绸或者涂上指甲凝胶。最简单的花式是利用不同颜色的假甲贴在真甲上，形成法国涂甲法的效果。

⑤假钻点缀

在指甲上镶嵌金属饰物，或在已有底色的指甲上用能焕发金属光泽的片粒，如闪片、小珍珠粒、假钻来点缀、拼砌图案，有画龙点睛的作用。

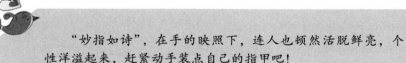

"妙指如诗"，在手的映照下，连人也顿然活脱鲜亮，个性洋溢起来，赶紧动手装点自己的指甲吧！

08　精选配饰，让自己"锦上添花"

"美人首饰侯王印"，自古以来，首饰一直是爱美的女孩的宠物。女孩因为细节而精致，因为首饰而充满风情。

而首饰更使服装有了活力与生命力。小小首饰在人的不断活动时从各个不同的角度，散发着珠光或晶莹七彩的光芒，使人的整体着装披上了一层灵光，让人眼前一亮。

一副耳环、一条项链、一枚胸针、一颗细小碎钻镶嵌而成的精细戒指，或者是最不让人留意但却有着性感印象的脚踝上的一根 K 金脚链，配饰让一个女孩焕发出来的特别韵味，是不言而喻的。

逛商场的时候我们经常会发现，柜台上那些琳琅满目的配饰常常吸引众多年轻女孩的眼球，就算不买，也要饱一下眼福。对于森女来说，配饰对于整体着装有极其重要的作用，使用得当则可以起到"锦上添花"的效果。

虽然，一件好的配饰虽然可以使人的着装产生美好效果，但是并不是每个女孩都有让配饰增彩的能力。

（1）首饰佩戴要适度

首饰是许多女孩的挚爱，也是在女孩子身上最常见的一种装饰。首饰对于女孩子来说，就像一种解不开的情结，总是让人爱而不舍。人们习惯用"珠光宝气"形容富贵女人的身份，而如今对于森女来说，首饰不仅仅是一种身份、地位的象征，更是一种美的需要。

在森女的装饰法则中，佩戴饰品应当以适度为基准，一般来说有三个原则：

简洁原则：戴饰品的一个最主要原则就是贵精不贵多，忌讳把全部家当全往身上戴，整个人就像一个饰品展销会，会给人一种很庸俗的感觉。在国际礼仪中，穿晚礼服的时候如果戴了耳环就不戴项链，如果两个大面积的首饰都出现在头部，会显得非常多余，而被认为不懂得礼仪。

色彩原则：佩戴饰品时应讲究力求同色，若同时佩戴两件或两件以上的饰品，应使色彩一致或与主色调一致，千万不要打扮得色彩斑斓像棵圣诞树，否则效果只能是令人厌烦。

习俗原则：佩戴首饰一定要根据当地的风俗和人情来进行，不能犯了当地人的忌讳。

以下是佩戴几类首饰的重要常识：

①戒指要戴在左手上，而且最好只戴一枚，至多戴两枚。戴两枚戒指时，可戴在左手两个相连的手指上，也可戴在两只手对应的手指上。有的人手上戴了好几个戒指，让人感觉是在炫耀财富，其实显露的是浮躁和粗俗。戒指戴在左手的不同手指上，表示不同的婚恋程度：拇指一般不戴，食指戴戒指表示求爱，中指表示订婚，无名指代表结婚，小指代表单身。

②耳环是女孩的主要首饰之一，其使用率仅次于戒指。应根据脸形特点来选配耳环。如圆形脸不宜佩戴圆形耳环，因为耳环的小圆形与脸的大圆形组合在一起，会强化"圆"的信号；方形脸也不宜佩戴圆形和方形耳环，因为圆形和方形并置，对比之下，方形更方，圆形更圆。

③项链也是非常重要的配饰，是人们视觉的焦点。佩戴项链应和自己的年龄及体型相协调，也应和服装相呼应。比如身着柔软、飘逸的丝绸衣物时，宜佩戴精致、细巧的项链，这样可显得妩媚动人。

（2）丝巾搭配要协调

丝巾对于森女来说应该是她的第二挚爱，喜欢混搭的森女，衣柜里面一定不会少美丽的丝巾。

丝巾属于围巾的一种，从外观上看，分为长巾、方巾、三角巾和领围。森女往往根据场合、服装和当天的化妆、发型来选配丝巾的色泽和搭配的款式。身高者适合选择宽大、色彩柔和、花型小的丝巾。身体纤弱者，适合选择花色繁杂艳丽、短小一些的丝巾。若是新潮的服装可以选择样式素雅的丝巾搭配。丝巾的扎法各种各样，如蝴蝶结，显得婉约典雅；披肩式，显得轻松自然，有动态轻快的感觉。

总之，丝巾并不是跳开整体单独存在的，必须与女孩全身的衣服相呼应，只有搭配协调了，才能把丝巾的效果发挥出来。

（3）帽子佩戴要合适

帽饰虽小，却有惊人的"聚光"效果。热爱时尚的森女知道，学会巧妙地运用帽子，能给人耳目一新的感觉。

①对比的颜色组合是流行的关键，帽子与衣服色差较大时，有可能显得身材矮。

②帽子与服装同色系，可给人修长的印象。

③帽子的颜色要看脸色来修正，脸色偏黄不适合流行的黄绿色调，可选灰粉等色。肤色黑或白的人选色余地就比较大。

另外，帽子的款式选择要和脸型相适合。

长形脸型：由于脸型的弧度比较狭窄，适度的帽冠显得尤为重要，切忌帽檐太窄。

三角形脸型：下巴比较尖，所以高帽冠或短而不对称的帽檐，就非常适合，可让人忽略尖尖的下巴。

圆形脸型：可以选择较长帽冠加上不对称帽檐，这样可以显得立体。

方形脸型：显眼的帽冠和不规则的边，能使方形脸型显得柔和。

如果帽子戴上去并不能让你的美丽增加几分，也无法让你看上去更光彩照人，那么，依据森女配饰贵精不贵多的原则，这个帽子就尽量不要戴了。

（4）准备几个包，分别用于不同场合

很多女孩子为了省事，不管穿什么款式的衣服，也不管出席什么场合，都习惯使用同一只包，这就使得包与整体着装有时候显得非常不协调。对于热爱时尚的森女来说，你应该有不同的包来应用在不同的场合。

上班时用的皮包应该大一些，这样可以存放较多的必备用品，但式样必须大方，与上班形象相符合，如体现女孩个性风采的挎包。这样的好处是让您更合理地放置尽可能多的物件，比你拎着塑料袋或纸袋要专业得多。穿着便服、休闲和逛街时用的皮包，可选用颜色鲜艳、造型活泼的皮包或背包，这与轻松的心情和装扮相配。参加晚会等正式场合，应选择比较有品位的皮包，这样既与礼服相配，也表示对主人的尊重。

配饰对于整体着装有极其重要的作用，使用得当则可以起到"锦上添花"的效果。

09 化妆是一门学问

化妆是一门很深的学问，每个人的皮肤都有其遵循的时刻表。美容保养如果能与肌肤自然时刻相配合，就可发挥它最大的功效。

早上 6 点至 7 点：肾上腺皮质素的分泌自凌晨 4 点开始加强，至此时已达高峰期，它抑制人体的蛋白合成，使再生作用变缓，细胞的再生活动此时降至最低点。一些人这时会出现眼皮肿胀的情形。早晨的保养要应付一天中皮肤受的压力，如灰尘、日晒等，所以要选择保护性强的日霜，比如防晒、保湿、滋养多效合一的日霜。对于晨起水肿的人，可用以增强眼部循环、分解积于眼部的毒素和收紧眼袋的眼霜。

上午 8 点至 12 点：肌肤的机能运作至高峰，组织抵抗力最强，皮脂腺的分泌也最活跃，因皮肤此时承受力好，故可做面部、身体脱毛、除斑脱痣及去除粉刺丘疹等美容项目。

13 点至 15 点：血压及荷尔蒙分泌降低，身体逐渐产生倦怠，皮肤易出现细小皱纹，肌肤对含高效物质的化妆品吸收力特别弱。这时若想使肌肤看起来有生气，可额外用些精华素、保湿霜、紧肤面膜等。

16 点至 20 点：随着微循环的增强，血液中含氧量提高，心肺功能特佳，胰腺于此时十分活跃，能充分吸收营养，肌肤对美容品的吸收力开始增强，这段时间最适宜人到美容院做保养。还可根据爱好进行健身配合，如健身操、蒸汽浴、洗温水澡等，来加强皮肤对美容品的吸收。

20 点至 23 点：此时最易出现过敏反应，微血管抵抗力最弱，血压下降，人体易水肿、流血及发炎，故不适宜做美容护理。

晚 23 点至凌晨 5 点：这是细胞生长和修复最旺盛之季，细胞分裂的速度要比平时快 8 倍左右，因而肌肤对护肤品的吸收力特强。这时若使用富含营养物质的滋润晚霜，会使保养效果发挥至最佳。

现在我们就来看看森女的化妆技巧吧！

（1）宴会妆宜靓丽：上粉底的顺序是先打粉条，再扑蜜粉，色彩以靓丽色系为佳，如桃红、粉红、紫红等。要格外用心描绘唇妆，比较放心的办法是选用防水口红。

（2）舞会妆宜浓艳：舞会强烈的灯光会使皮肤发青，变得灰暗，让花容失色。因此，化妆时补粉要厚，胭脂要重，唇膏要红，画眉要浓，眼线要明，眼影要显，以塑造整体和谐美。

（3）约会妆宜纯真：约会切忌用太多颜色，应尽量表现出少女自然、纯真的本来面目，如果每次约会都修饰过多，结婚后就很难以真面目去面对配偶。因此，日间的约会妆最好抹液状粉底，然后再扑上蜜粉，使皮肤呈现透明自然的质感。色彩以粉色系为佳，如粉红、粉橘等。日妆最好不要强调修容，眉毛也不要加重，甚至连眼线、唇线皆可省略去。夜间约会妆应比日妆稍浓一些，如眼线、眉毛、唇线都可以加重，同时不妨再以咖啡色修容并装饰脸型。

（4）新婚妆宜纯洁：纯真高洁、白璧无瑕，是新娘的魅力所在，但这一特征往往被人们忽略。常见一些天真无邪的新娘被涂得风骚逼人，失去少女的天然韵味。天然去雕饰乃是新娘妆的精髓所在，因此，化妆时务求清新明丽，薄施或不施脂粉，淡扫娥眉，以突出鲜嫩、光洁的肌肤，充分体现自然美。

（5）求职妆宜自然：要表现果断，有能力的性格，应突出下巴轮廓。如果下巴轮廓无法突出，则将眉、眼、唇的线条描绘得清楚些。化妆要自然，稍微华丽一些也无妨。一般人事部门对化妆花哨的人印象不佳，认为过分追求化妆者会不安心工作。化妆自然而轮廓清晰者，会给人留下好的印象。

下面是森女喜爱的养颜美容茶饮，大家一起来看看吧

（1）银耳羹：银耳 25 克，红枣 15 克，陈皮 6 克，鸡蛋 1 个，冰糖适量。先将红枣去核，与银耳同煮 30 分钟，然后放陈皮再煮 10 分钟后加冰糖打入鸡蛋拌匀即可食用。此方有养颜美肤、祛皱纹、消色斑之功效，常

服可使皮肤白嫩，细腻，富有弹性。

（2）红果汤：山楂15克，金银花5克，赤小豆200克，冰糖100克。先将山楂、金银花同入锅内加水适量煮20分钟后，滤去渣质与赤小豆同煮至烂熟，放少量冰糖调味食用。此方味道酸甜，是开胃、健脾清热、养颜、美容之常饮佳品。

（3）三味美颜汁：将藕、胡萝卜、苹果切成小块，一同放入果汁机内绞成汁，再用少许蜂蜜调味饮用。藕含有大量的磷、钾及多种维生素，胡萝卜、苹果所含的果酸、胡萝卜素，可使皮肤得以营养，使之光泽、细腻、柔嫩。

（4）姜枣茶：生姜200克，大枣200克，盐20克，甘草30克，丁香、沉香各30克。将上药共捣成粗末和匀，每天晨取10～15克，用开水泡10分钟即可代茶饮用。此方常服可使容颜红润，肌肤光滑。

（5）银耳枸杞羹：银耳15克，枸杞子25克，将银耳、枸杞子同放入锅内加水适量，用文火煮成浓汁后加入蜂蜜再煎5分钟即可服用。隔日一次，温开水兑服。此方有滋阴补肾、益气活血、润肌肤、好颜色之功效。

化妆亦有大学问，只有掌握好这门学问，才能打扮出独特的自己。

10 走进森女的美容教室

森女的美容方法可谓层出不穷:从头到脚,每一寸肌肤,每一个细节,森女都不会放过可以修饰的权利;从饮食到美容品,每一份食品,每一种品牌,都包含森女细心的考虑。

美丽未必是为了悦己者容,但若跟不上时代的感觉,确实让人痛苦。善待自己的女孩脸上有光彩,懂得生活的人才会快乐。而女孩的快乐绝对有很多来自于美丽。于是美容从来就是年轻女孩们永不厌倦的话题。常常可见,几个闺中密友交流美容心得。女孩们热衷于购买美容用品,热衷于尝试各种美容窍门,热衷于专家答疑,热衷于逛美容院……只要是与美容有关的,你就能看到女孩的一片痴心,近乎狂热,因为女孩对美的追求永无止境。

索菲娅·罗兰谈及她的美容时说,"我很少刻意追求什么,但是当你对自己稍加修饰,看到自己容貌一新,这不仅带来快乐和满足,也带来了信心甚至力量。追求美,是女孩莫大的乐趣,追求美给人带来愉悦,而且也是一种自慰。"所以当你巧手改造了自己,当你亲手重塑了自己,你也能充分体会到美容带给自己的快乐了。

(1)美容膜片轻松美容

曾几何时,美容方式变得越来越轻松。女孩都是爱美的,可也愿意追求简单、快捷、方便、高效,因此形形色色的美容膜片应运而生,目前流行于市场的美容膜片主要有:

①黑头鼻贴

现在最广为人知的是黑头鼻贴,它们以能立即拔掉黑头而见著,用法是先弄湿鼻子，然后贴上膜片，待 10~20 分钟后撕掉。至于其功效，则因人而异。

②保湿修护贴

属于腰果状的修护贴，它含天然植物提炼物，有保湿作用，为爱美女性又提供了一项最简便的美容途径。

③抗皱修护膜

可敷贴于眼及唇四周的部位，给肌肤补充大量水分，能迅速消除皱纹，同时促进血液循环，对黑眼圈、紫外线所引起的雀斑有良好的功效。

④祛眼纹片

提供肌肤丰富的维生素 C 及 E，让肌肤细胞重生。把膜片贴在所需部位 8 小时，便能有明显的祛皱效果。它相当于使用了 55 次一般营养霜所提供的维生素 C。

⑤美白膜片

该片含有天然胶原蛋白，能保持肌肤弹性，平衡水分，改善肌肤老化现象。由于膜片能紧贴肌肤，故能形成密封效应，让维生素 C 持续渗透肌肤，促进角质层保存水分，防止色斑形成。

（2）美丽到牙齿

牙，一直待在我们的嘴里，却很少为我们所重视。除非炎症发作时，我们才会哼出一句："牙痛不是病，痛起来真要命"。而牙齿的保健美容要从小做起。当您不再为牙痛而烦恼，不再为牙齿不好看而抿嘴笑时，相信天空会在你开怀的笑声中，变得更加灿烂。

①牙龈体操

越多的氧气流经齿龈的肌肉，则越少的细菌可以在你的牙齿四周安家。你可以在刷牙的时候，用牙刷以 45°角在齿龈做轻轻地上下方向振动按摩，另外用手指在牙龈上轻轻按摩也是可以收到同样的效果。

②用牙线或牙签

每星期用牙线或牙签做三至四次的牙缝清理，这样可以很好地预防牙龈疾病。

③牙膏里的氟

古代的人们没有福气用牙膏刷牙，那时他们用老鼠的骨头磨成粉或者把山羊脚烧成灰来刷牙。现在我们可以用牙膏特别是含氟的牙膏刷牙来保护牙齿。氟和牙齿中的氢氧磷酸化物相结合，变成坚硬的氟磷灰石。这东西不怕乳酸腐蚀、钙化龋洞。

④漱口很必要

饭后如果不便于刷牙也要尽量漱漱口，这样可以清理口中余留的食物残渣，减少细菌生长的机会。漱口时最好用漱口水，因为漱口水不但可以杀菌，还可以起到封闭牙齿上已有的龋洞的作用。

从头到脚，每一寸肌肤，每一个细节，森女都不会放过可以修饰的权利；从饮食到美容品，都包含森女细心的考虑。

森女的情感观：追寻本我，让心灵返璞归真

01　保持一颗本然之心

尽管人的气质有好多种，或高贵优雅，或随和温驯，但拥有一颗本然之心的森女更让人心动，那种宁静，像一株百合，散发着特别的馨香。

弃一切世俗之物，悠然于天地山川草木之中，过心神向往已久的宁静生活，超凡脱俗与另一番境界共处，不与世人同流合污，只求精神境界的纯洁。

森女因拥有一颗本然之心而知足，她们没有一般世俗女孩的虚荣，渴望金钱、渴望房子、渴望车子。森女所渴望的仅是拥有一颗本然之心。可以在纷乱的尘世中，找到一方净土，找到一处风平浪静的港湾，可以停靠休憩。

森女深知名利犹如过眼云烟，她们是率直的，不拘于世俗，当倦意袭来之时，就会收拾好行囊，踏上远去的旅程。西藏、泸沽湖等都是她们所渴望的好去处，因为那里有她们所要的神秘、自然。如果你有一个这样的人做你的朋友，那么你一定是幸运的，在与她的相处中，你会感觉到清新、愉悦，没有一丝压力。拥有本然之心的她们就犹如兰花一样散发着芳香的气息，不是太浓郁，而是淡淡的，沁人心脾的。她可以在你怅然失意之时，给你送来慰藉，也会在你忧伤的时候，用她温柔的双手，将你的伤口抚平；她也会在你成功时，为你送来祝贺，同时也忘不了为你送去警世良言伴你下一次成功。

森女所要的只是那心中最为澄静的爱情，没有世俗的玷污，没有金钱的熏染，一切都犹如深渊的池水一样，淡淡的、绿绿的，没有一丝杂质。

她们不会要求她的丈夫多么成功，也不会要求她的丈夫多么英俊，她们要的只是丈夫那一颗真心和偶尔的宠爱。

森女深知做女人的真谛，在丈夫失意时，她绝不会施加压力，说丈夫是多么无能。而只会用赞赏的眼神告诉他：你其实是最出色的。在丈夫成功时，她也不会骄傲，更不会趾高气扬，而是用温柔的语调提醒丈夫要居安思危，要以平和的心态面对成败。

森女并不缺乏理想和追求。淡泊与执著向来是中国传统知识分子的特点，女性的淡泊，是其精神追求的最高境界。森女所追求的，是人生最真实、最可贵的东西，这就是真诚、真情和真实的幸福生活。

保持本然之心不是平庸，宁静孕育辉煌。突如其来的尘世喧嚣，是留不住的景观，不变的淡泊宁静才是永久的心灵家园。只有在淡泊宁静的磨砺中，人之心胸才能豁达宽广，人之大志才能长存不溺。

安于这样的本然，才能体味"宁静致远的超然"；不求闻达，才会懂得"宠辱不惊""去留无意"的洒脱。让我们守住心中的那一份纯净，远离尘嚣，贴近自然，保持一颗本然之心，做一个真实、坦荡、超然的森女。

保持一颗本然之心，做一个真实、坦荡、超然的快乐女孩。

02 注重内心的"本我"

"本我"是指心灵深处对自我的界定，正是这种定义使我们跟别人迥然有别。换一种说法就是我们在内心对自己形象的塑造。如果你自己的形象在自己的心中就是一个出人头地者，是一个才华横溢、能力超群之士，那么你肯定会尽情发挥你自以为长的天赋，最终，你必将成为一名鹤立鸡群者。

教育家们发现：老师对学生的看法，能够极深地影响学生自我的确认，从而影响他们才智的发挥。有这样一个研究实例：几位老师被告知他们刚接手的班上，有几位优等生，怎样使这些优等生取得优异的成绩就是老师们的任务。结果，计划如期实现了，这几位孩子取得了极其优秀的成绩。实际上当初这些学生只是智力一般的孩子，他们中间还有几位"差生"哩！实验表明：良好的自我确认对一个人的成长具有极其重要的影响。因为一个人一旦在内心深处确认自我是哪种身份的人的话，就再也看不到自己的另一面了。上述道理同样也适用于学生以外的人们。

如果每一个人在生活中都能像对自我的确认一样有适当的信念，对某些方面有一些特别的调整，自我确认改变之后的人生就会变得更加有意义，就会少却无数苦恼、麻烦和痛苦，平添诸多欢乐！

当然，自我确认的改变必须是从无数的尝试和一再地坚持中形成的，表里如一的努力就会使人在这种"我是谁"的转变中获得成功。

美国的一个女孩子戴伯娜讲述了她的一个故事：

"我从小就是胆小鬼，从不敢参加体育活动，生怕受伤。但是参加你的讨论会之后，我竟然能进行潜水、跳伞等冒险运动。事情的转变是这样的，你告诉我应该转变自我确认，从内心深处驱除胆小鬼的信念。我听从了你的建议，开始把自己想象为有勇气的高空跳伞者，并且战战兢兢地跳了一回伞，结果朋友们对我的看法变了，认为我是一个活力充沛、喜欢冒险的人。"

人往往不愿意轻易牺牲自己来拯救别人，特别是当他认为自己是"为自己活着的人"时。但是如果他的信念转变了，他就会乐于助人。比如在要一个人抽取骨髓之前，先求他做几件小事，使之感到不帮助别人违反人的天性，帮助他人是天经地义的，也是一种快乐。那么，当他在内心深处确认"自己是个乐善好施者"时，再求他在无损于己的情况下捐赠骨髓，他会欣然答应的。原因就在于他的"自我确认"改变了，世界上最能影响人的东西正在于此。

同样的，一个人要想获得成功，出人头地，成为生活和工作中的优胜者，就应该首先在心目中确立自己是个优胜者的意识。同时，他还必须时时刻刻像一个成功者那样思考，那样行动，并培养身居高位者的广大胸襟，这样，总有一天会心想事成，梦想成真。

身边的朋友或同事们对自己的看法，也会深深地影响我们对自我的确认。还有，时间也影响着自我的确认，过去、现在和未来，你是什么样子，你评价自己的标准又是什么呢？例如一个人在十年前过得并不如意，但他想象着有一个美好的未来，并极力向此目标奋斗。结果，今天的他正是当年他心目中确认的那个"未来形象"。由此可见，你以什么样的标准来看不同时期的自我，决定着你自我确认的发展方向。

哲学家们一直都在探寻"我是谁"的答案，从希腊时期的苏格拉底到存在主义哲学家萨特，他们一直在思索着，探寻着。其实，"我是谁"就是自我确认的问题。

对自我的确认，森女建议你这样做：

第一，平心静气地问："我是谁？"

第二，可以查字典，找出你的名字和含义，并把它们记下来。

第三，设计自己的人生档案卡片。上面最好列出这些项目：照片、性别、体重、身高、情感、能力、爱好、兴趣、意愿、座右铭、血型、星座、主要经历……要使别人一眼即可从上面的内容中认识你。不过，你要记住，你所做的一切都只是为了自我确认，唯一的目的也只是要把你和别人区分开来。

如此一来，你可得费些功夫来审视一下你对自我的确认，好好地鉴赏一番。如果某种自我的确认给你带来痛苦，那么要马上改掉它。要明白：所有的一切都只不过是你自己要认定那么做的，是你心中为自己预先设定的，你完全可以改变它们。一旦你改变那些自我确认，你的人生也会随之改变。

你明白了自我确认是一个自己认定、环境影响的长期渐进过程，你想改变的话随时都可以改变，直至改变自己的人生。也许，有人会惊讶地问道："个人的生活体验不是可以主宰对自我的确认吗?"其实不然，对自我的确认受制于对个人体验的解释。

也就是说，你怎样认识你自己过去的人生，就会导致你怎样认识你自己，最终决定你有什么样的自我确认。

注重内心的本我，你必将成为一名鹤立鸡群的女孩。

03　握在手心的幸福最珍贵

　　从前，在一座香火非常旺盛的寺庙前的横梁上有只蜘蛛，经过一千年的香火和虔诚的熏陶，慢慢便有了些佛性。

　　一日，佛祖看见这里香火甚旺，十分高兴，于是就来这里巡视，在离开寺庙的时候，不经意间抬头，看见横梁上的蜘蛛。佛祖停下来，问蜘蛛："你我相见总算有缘，你在这里修炼了一千多年，我来问你个问题，看看你有什么真知灼见。"蜘蛛很是高兴，连忙答应了。佛祖问："世间什么才是最珍贵的？"蜘蛛想了想，回答说："世间最珍贵的是'得不到'和'已失去'。"佛祖点了点头，离开了。

　　此后，蜘蛛依旧在寺庙的横梁上修炼，又过了一千年的光景，它的佛性大增。一日，佛祖又来到寺前，对蜘蛛说道："你又修炼了一千年，一千年前的那个问题，你可有什么更深的见解吗？"蜘蛛说："我觉得世间最珍贵的是'得不到'和'已失去'。"佛祖说："你再好好想想，一千年后我会再来。"

　　就这样又过了一千年，有一天，刮起了大风，将一滴甘露吹到了蜘蛛网上。蜘蛛望着甘露，见它晶莹透亮，顿生喜爱之意。蜘蛛看着甘露很开心，它觉得这是三千年来最开心的日子。可是，突然，又刮起了一阵大风，将甘露吹走了。蜘蛛一下子觉得失去了什么，感到很寂寞和难过。这时佛祖又来了，问蜘蛛："蜘蛛，这一千年，你可好好想过这个问题？"蜘蛛一下子想到了那滴甘露，对佛祖说："我认为世间最珍贵的还是'得不到'和'已失去'。"佛祖说："好，既然你有这样的认识，我让你到人间走一遭吧。"

于是，蜘蛛投胎到了一个官宦家庭，成了一个富家小姐，名叫珠儿。珠儿十六岁时已经成了个婀娜多姿的少女，十分漂亮，楚楚动人。

一日，新科状元甘鹿中仕，皇帝在后花园为他举行庆功宴。请来了许多妙龄少女，珠儿亦在其中，还有皇帝的小公主长风公主。状元在席间表演诗词歌赋，大献才艺，在场的少女无一不为他倾倒。但是，甘鹿并没有表现出对珠儿的注意和喜爱，珠儿不明白，佛祖既然安排了这场姻缘，甘鹿为何对我没有一点感觉？

几天后，皇帝下诏，命新科状元甘鹿和长风公主完婚；珠儿和太子芝草完婚。这一消息对珠儿如同晴空霹雳，几日来，她不吃不喝，灵魂即将出壳，生命危在旦夕。太子芝草知道了，急忙赶来，扑倒在床边，对奄奄一息的珠儿说道："那日，在后花园众姑娘中，我对你一见钟情，我苦求父皇，他才答应。如果你死了，那么我也就不活了。"说着就拿起了宝剑准备自刎。

这时，佛祖来了，他对快要出壳的珠儿灵魂说："蜘蛛，你可曾想过，甘露（甘鹿）是由风带来的，最后也是风带走的，所以甘鹿是属于长风公主的，他不过是你生命中的一段插曲。而芝草是当年寺庙门前的一棵小草，他看了你三千年，爱慕了你三千年，但你却从没有低下头看过它。蜘蛛，我再来问你，世间什么才是最珍贵的？"蜘蛛听了这些真相之后，一下子大彻大悟："世间最珍贵的不是'得不到'和'已失去'，而是现在能把握的幸福。"刚说完，佛祖就离开了，珠儿的灵魂也回了位，睁开眼睛，看到正要自刎的太子芝草，她马上打落宝剑，紧紧地抱住了芝草……

你能领会吗？世间最珍贵的不是"得不到"和"已失去"，而是现在能把握的幸福。"得不到"和"已失去"，其实都是因为遗憾才觉得美，才让人念念不忘，有些事错过了就不要再想念，有些人失去了又何必再挂念。换一份心情，换一种心境，幸福其实就在你我身边。

握在手中的才是最珍贵的，其实，幸福就在你的身边。

04 善良的森女不平淡

善良的美德可使一个平凡女子在平淡的生活中获得众人的心，在人们心中，这样的女孩具有永恒的美。

善良的森女不平淡，她们有自己独特的美。

善良的女孩子，她们心地是纯洁的，她们总是富有同情心。因为，给别人带去快乐她们也一样兴奋。

有这么一个动人的故事：格雷夫斯和安同住在一个病房。格雷夫斯的家人很疼爱她，所以，每天她的床头都飘溢着玫瑰花的甜香，格雷夫斯也非常地快乐。

可过了几天，格雷夫斯开始有些不安，因为同病房的安从未收到过一束鲜花。她常常探过身来欣赏那刚送来的鲜花。她年轻漂亮，但是从她那褐色的大眼睛中，格雷夫斯却看到一种饱经艰辛和忧伤的神色，因为安从小便是个孤儿。这使格雷夫斯不自在。她很想消除安眼中的忧郁，至少也让她享受到接受鲜花的快乐。于是，格雷夫斯就把这个想法告诉了母亲。刚吃完晚饭，鲜花就送来了。"又给你送花来啦。"安笑着说。"不，这回可不是给我的，"格雷夫斯看看花束上的卡片说，"这是给你的。"安接过鲜花后默默地、长久地凝视着，用手指轻轻地抚摸着，似乎想把这一切深深地铭刻在心上。

"谢谢你，我非常地快乐。"安微笑着说。

格雷夫斯认为这点小事算不了什么。重要的是她可以看到安同自己一样快乐了！

人并不是孤立地活在这个世界上，每个人都渴望得到他人的关心和爱护。然而生活有时是残酷的，它使有些人不能像正常人一样生活，有的人没有健全的身体，有的人没有幸福的生活，致使她们更需要你的关爱。你应用心去体会他人的感觉，尽量不要触及他们的伤痛，让人与人之间充满同情和体谅，把你丰富的感情导之于爱，把你善良的天性导之于美。那么，无论这个现实的世界是多么纷扰，你都能让你所到的地方，开出灿烂的花。

我们厌恶那些大惊小怪的女孩，看见盲人踩进了泥坑，就会咯咯发笑；看见身材短小的人，就会指指点点；看见被人遗弃的女孩就会说三道四。这样的女孩，即使再美若天仙，柔情似水，也会让人反胃，甚至遭到蔑视。

森女是善良的，对于那些有困难的人，她们往往都会抱以同情。给予诚心诚意的关爱。因为她们知道，那些被伤害者的心都很脆弱，如果你无意地表现出不真诚，那么，将难以抚平他人的创伤，只会违背你的初衷。

不要以为自己平凡无奇，事实上，只要你有一颗善良的心，你同样是一个有魅力的女孩。

不要以为自己平凡无奇，事实上，只要你有一颗善良的心，你就是一个不平淡的女孩。

05 森女才不在意别人的看法

在森女的眼中，一个人活在世界上，首先是要实现自己的人生价值，而不是为了求得所有人的认同甚至拥护。

大千世界，芸芸众生，总会有一些人会跟自己谈不来。既然任何人都不可能赢得每个人的心，那么又何必虚伪地硬要所有人同你做朋友呢？不管你如何努力，你都不可能让所有的人都成为你的朋友。有敌人很正常，不是什么没面子的事。

所以森女从来不会花太多的时间和精力去讨好任何人，因为，人缘天下一流固然是一种幸运，可是有时候"人生得一知己"足矣。

人生在世，如果总是患得患失，过于注重别人的态度，将自己的得失建立在别人的言行上，又哪有开心的日子可过呢？

别人要误会，让他误会好了，何必在乎？如果有人看不清楚事实，那纯粹是那个人的损失，与你无关。别人冷漠了你，并不意味着你的价值不存在；别人看轻你，不要紧，只需自己看重自己即可。如果对方肆意侮辱，而那些侮辱的言辞又都是毫无根据的，那么你或机智幽默地反唇相讥，或置之不理，付之一笑，这倒越发会显示出你人格的魅力。

小轩在工作中，认真负责、反应迅速，有毅力、有思路。她的工作成绩突出，业绩骄人。然而小轩却有个最大的弱点，就是太看重别人的看法和反应，在考虑问题时不够理智客观，顾虑太多。如果看到别人脸色不好时，无论是上司还是下属，她都能迅速做出反应，解释为什么要这样做，把自己清清楚楚的暴露给别人。其实，有些事情是无需解释的。这样反将本来挺简单的事情办复杂了。后来，单位调整了几次干部，提拔了几名职员，但都没有小轩。理由是她过于在乎他人的看法，没有主见，一个连自己性格都管理不好的人，如何去管理下属呢？

要做到不在乎别人的看法，很不容易。首先需看清自己的内心，害怕什么？在乎什么？心虚什么？有人非常在乎别人的批评；有人在乎的是别人对自己工作能力的质疑；有人缺乏自信，看不见自己的优点；有人缺乏信心，害怕别人否定自己的存在价值。

森女总是把别人的批评看得很淡，因为她们从来都是针对问题处理，对事不对人，从不因过度的联想，而造成内心的不安和困扰；因为她们知道，通常会在乎别人的人，在情绪的掌握上也不会太好，容易随波逐流，流于意气之争，误解别人说话的真实用意。其实，培养自己内在的厚实，是避免别人伤害的最佳法宝。学会自我保护，才是安身立命的真本领。

在这个世界上，大部分人都喜欢批评他人，不喜欢赞美他人。因为，很多人是靠着批评他人而获得声名。哲学家叔本华说："小人常为伟人的缺点或过失而得意。"一般人常因别人的批评而愤怒，而有智慧的人却想办法从他人的评判中获得智慧，学习知识。

亲爱的女孩，你要想到，如果你没有足够的分量，怎会有人愿意批评你。最容易受到别人批评的人，一般来说，一国里就是总统，在公司就是老板，或者是公众人物，没有人会踢一只死狗。所以，在面对批评时，森女从不急着生气，有人说："一个愤怒的人浑身都是毒。"批评和诋毁，并不那么有毁灭性，相反，它常具有成功的启示作用：你的成功就是对批评者最有力的还击。所以与其浪费时间在怀恨及忧虑上，不如努力将自己的才能有所发挥，把精力及时间做更极致运用。

在森女看来，生气，就是拿别人的错误来惩罚自己，这是不明智的。所以完全不必为了莫须有的罪名而难过，别人批评可以当做反省自己错误的根据。若是恶意的人身攻击，就大可不必为了这样的批评而伤透了心，不如把批评当做变相的赞美，以另外一种最佳的状态出现，你的优秀表现可以让那些流言早点消失，你必须表现得更好，才能堵住悠悠之口。否则，正好给别人批评你的借口。

如果你被批评，请记住，那是因为你会给他很重要的感觉，表示你是有成就的，是值得被注意的，很多人借着指责比自己更有成就的人来得到满足及引起他人的注意。其实不合理的批评往往掩饰了赞美，如果是良性的建议，或者是合理的指正，倒是可以给我们反省及改进的机会，但是不必要为不合理的批评而烦恼，因为你的忧虑和不开心正中敌人下怀。

不过，永远都不要对你的敌人报复，因为，森女是不会把时间浪费在仇恨及愤怒上，要把时间和精力放在自己的身上，让自己活得更好更充实，这就是送给敌人最好的礼物。

人都是要面子的，在人际交往中，都比较注意自己的形象，这很正常，但不能为了要面子而失去自我。

森女知道，别人对你的评价总是有水分的，有的人总是挑好的说。如果以此为据，你可能高估自己，自我感觉良好。于是可能轻视别人，忽视一切，自以为是。也有人可能专挑坏的讲，故意贬低你，这样你可能低估自己，自卑消极。所以在听取别人意见时，首先要有一个正确的自我评价，并以此为基准。

另外，别人看到的可能只是你的表面或一个方面，真正全面、清楚了解自己的还是自己。只有天生没有主见的人才会整天打听别人的评价。虽然有时候可能会出现"当局者迷旁观者清"的状况，但大多数情况下旁观者的意见都只能作为参考。

索菲亚·罗兰是意大利著名影星。自1950年从影以来，拍过60多部影片，她的演技炉火纯青，曾获得1961年度奥斯卡最佳女演员奖。她16岁时来到罗马，要圆演员梦。但她从一开始就听到了很多不利的意见。用她自己的话说，就是她个子太高、臀部太宽、鼻子太长、嘴太大、下巴太小，根本不像一个意大利式的演员。制片商卡洛看中了她，带她去试了很多次镜头，但摄影师都抱怨无法将她拍得美艳动人，因为她的鼻子太长。于是，卡洛建议索菲亚去整容。但是索菲亚并不是一个没有主见的人，她断然拒绝了卡洛的要求。她说："我为什么非要和别人长得一样呢？我知道，鼻子是脸庞的中心，它赋予脸庞以性格，我就喜欢我的鼻子和脸保持它原有的形状。"她决心不靠外貌而是靠自己的内在和精湛的演技来取胜。她没有因别人的议论而停下自己的脚步。她成功了，那些关于她"鼻子太大、嘴巴大、臀部宽"的议论也都销声匿迹了，这些体征反而成了美女的标准。索菲亚在20世纪行将结束时，被评为这个世纪"最美的女性"之一。她在自传中写道："自我开始从影起，我就出于自然的本能，知道什么样的化妆、发型、衣服和保健最适合我。我谁也不模仿。我从不像奴隶似的跟着时尚走。我只要求看上去像我自己，非我莫属……衣服的原理亦然。"

太在乎别人的"眼光"还有一个缺点，就是会使你做事放不开手脚，养成犹豫不决的性格。一个小职员见到总经理的时候可能比较拘谨而显得语无伦次，而当他跳出总经理的圈子，就可能是大方自如。当你太在乎别人的时候，你也不知不觉地失去了自我。所以，森女和人交往从来都是不卑不亢，因为这样才能不失去自我。

在生活中，我们经常会发现，有些我行我素、对别人反应迟钝的人却往往很让人佩服。只要我行我素而不侵犯别人，他们总是很受人欢迎的。

人生最大的悲剧就是虽然你拥有了一个完整的生命，但你不敢把真实的自己表露出来，请记住，作为森女的你，完全没有必要总是活在别人的心目中。

做真实的自己，绝不活在别人的世界里。

06 记住你必须独特

有时我们一味地告诉自己：辛苦付出了就会有收获，可是我们从来没想过你把这样的时间、精力、心力投入到其他方面你又会有怎样的收获？

我们固执地做一件自己不喜欢而别人都在做的事，仅仅是想要证明给自己看吗？那对你来说什么才是最重要的事情？究竟是一生的目标，还是喊喊励志口号来"证明自己"？

在森女看来。因为莫名其妙的原因把资源投放到自己的短板上是世界上最没有性价比、最愚蠢的事情之一。

就像有些人选择靠舞蹈去赢取一切，是因为她们有这个资本，在这个领域里她们拥有别人望尘莫及的优势。然而，很多人都没有。也就是说她们曾经做到的事情不可能会在另外一些人身上重演，无论你怎样去努力，别人投入百得到千，你投入百得到一，奇迹都不会出现。

森女知道成功是不可能复制的，因为世界上每个人都独一无二，每个人先天和后天的资本都不一样，注定了不能用相同的方式去成功。向成功者学习是好的，但是企图模仿别人的前进方式来获取成功则是愚蠢的。

森女知道只有找到真正的自我，才能拥有独特的魅力。森女懂得，一个女孩，不是需要独特，而是必须独特。

邯郸学步或许可以博人一笑，但绝对不会使人散发出迷人的魅力。就如同一个不懂跳舞的人，就算投入再多去跳舞，她的舞姿也无法和那些舞蹈上天生的幸运儿相比。但是在其他地方或许会有胜过她们的地方。

一个人不可能模仿别人而成功，只会耽误自己成功，所以固执的女孩，你必须找到属于自己的成功之路。找到你最擅长，最具有优势，投入产出比最高的领域，然后竭力使之成为独一无二、无人可以比拟的，从而成为生活中灿烂繁花里最美丽的一朵。

　　如果你找不到你独有的长处，你就无法将自己的时间、精力以及其他资源最大化，那么你就很可能输给那些资源最大化的人。也许你依旧算得上魅力四射，却可能泯然众人。

　　所以，亲爱的女孩，你必须像森女那样独特地活着，因为那是你通向幸福唯一的路。

一个女孩，不是需要独特，而是必须独特。

07 爱情不是质量手册

有这么一则小故事:

学校里关于吴蒙和女孩的八卦随风而逝,但至少在女孩的两个朋友心里生了根。

不管女孩是如何解释和吴蒙相处并不愉快,小丽和小娜还是一遍又一遍地感叹:"连吴蒙这样的男人你都不喜欢,你心目中的白马王子标准到底高到哪个程度啊!"

"其实没有什么特别的标准,有感觉的那种就行啊。"女孩随意但不乏诚意地回答。

"呸,你这种说法最虚伪了。"小丽心直口快,"说这种话的人要求都是高得要死还偏不肯承认。""有感觉?你会对矮、胖、丑、秃头、麻子、残疾之类的男人有感觉吗?""不会。"女孩非常诚实。

虽然这个年纪对一见钟情已经没什么幻想,也知道人不可貌相海不可斗量,但是女人啊,有多少不是视觉系生物呢?就算最后能够接受,也不过是审丑疲劳。如果可以选择,谁不喜欢一米八五身高75公斤体重、剑眉星目外加八块腹肌?"你会对一个浅薄无知、不学无术的家伙有感觉?""我最讨厌这种了,根本无法沟通!"女孩断然拒绝。"那出身贫寒、负债累累、一辈子没法让你过上富裕的物质生活?"小娜的问题比较现实。女孩迟疑了一会:"好吧!我承认有时候我还是比较势利的,起点低还可以接受,但是这么年轻就要对未来绝望,我没那么伟大。""人很好但是不够浪漫?""那日子岂不是太没情趣,不要。""够浪漫但是有点花心?""花心绝对不行。""缺乏上进心,小富即安?""不要。""酗酒?""不要。""抽烟?""不要。""运动归来不洗澡就上床睡觉?""不要。""喜欢白色袜子配黑色皮鞋?""不要。"

……这种问答游戏等到三人感觉到口渴时终于停了下来,不约而同地拿起茶杯,屋里突然变得异常安静。

小丽长叹了口气:"还说要求不高,你看看你多么苛刻。这样一道道标准画下来,全天下还剩多少男人?"

小娜也来施压:"我有个表姐,出名的大美人,一开始也是要求特别高,她不是嫌人家年龄太小就是觉得人家年纪太大,或者有过婚史,或者长相不佳。反正折腾了很久都没嫁,后来年纪大了追求者数量、质量都大大下降,就更不想嫁了。现在还一个人待字闺中,遇上大型社交聚会就拼命打扮想找个合适的,暗地里不知道多少人笑话呢。"

小丽和小娜对看一眼,齐声说:"我的漂亮姐儿,为了你的幸福,你还是把标准降降吧,天下根本就没有你想要的那种'有感觉'的男人。"

在森女看来,其实她们不是标准错了,而是错在对爱情立了标准。男人有很多种,并且的确有等级优劣之分,但是这和爱情是两回事。

大多数女孩所谓的标准不过是把一大堆优点堆砌起来,这个优点集合体肯定非常完美,但是你会喜欢他,会欣赏他,会敬慕他,却不一定会爱上他。

森女懂得,爱是感性范围的事情,而标准是理性的产物。两者根本就不是一个圈子里的事,如何能混为一谈?爱情不是质量手册,不是按照标准一条条做到就会得到合格的成品就会顺利过关。你的理智根本无法知道你感性的需要,对它来说那是模糊的、玄妙的、缺乏逻辑的东西。它无法对这种不可能把握的东西定义进而展开绘图并且按图索骥。

何况那些标准看起来严谨,其实可笑。世界上哪有那么多不可调和的矛盾!

多问问自己,你会发现所谓的标准就像一个笑话,每一个都不是不可以妥协,不是不可以退让。可以妥协退让的,就不叫标准。不可

146

以妥协退让的，第一时间你的心就会告诉你那份反感，你根本就不会爱上那个人。

既然如此，又何必画地为牢，硬生生拒绝缘分的可能？

所以，森女从不问自己爱情的标准是什么，想找一个什么样的男人。森女唯一做的就是在这之前，充实自己，去等待，因为该知道的时候你自然会知道。奇迹虽然很少出现，但是一旦出现必定出乎所有人的意料。

不要给自己的爱情设定什么标准，爱是感性范围的事情，标准是理性的产物，两者根本就不是一个圈子里的事。

08　森女，做个敢爱的"坏"女孩

　　我们说过，森女往往活得更加精彩，更加幸福。有些看起来并不美丽的森女常常能嫁个好先生；而有些漂亮的好女人并没好报，嫁了个不及格或者平庸的先生。

　　所以，人们都说婚姻是个不公的赌注，明明温柔贤惠，拥有中国传统美德的好女孩到头来却未必能找到好归属，要么就是遇人不淑，要么就是为了一日三餐在贫困线上挣扎；而那些平日里相处起来觉得她的为人不咋样的让人吐血的女孩却能登堂入室，山鸡变凤凰，运气极好，找到让人羡慕的如意郎君。上帝不公吗？还是自身的原因？

　　当然这个"好"可能是懦弱、保守、呆板，不敢追求真爱；而"坏"女孩可能是泼辣、精明、开朗，敢于追求真爱。最能说明这个问题的，是《射雕英雄传》里的两个女孩，那个刁钻古怪、说得出做得到的黄蓉最终赢得了好男人靖哥哥的完美爱情；而温柔贤淑的穆念慈却只能在杨康的影子里过着凄苦寂寞的一生。是穆念慈不够好吗？不，穆念慈非常温良恭顺。是宿命？还是金庸老先生早已以超人的智慧看透了一切而设计的这个局？

　　在我们认为温柔贤惠是女孩的美德，宽宏大量，类似乖乖女的女孩儿定能找到真君子的时候，现实很多情况却让人大跌眼镜。当今时代"玉女"好像已不再吃香，敢爱敢恨的"森女"反而可以呼风唤雨，一路鲜花写凯歌。

　　其实，问题还是在自己。所谓"好"女孩，往往更善于或者说是习惯于等待，而不会或不敢主动出击，眼睁睁地看着好男人被"坏"女孩挑选走。是的，她们的最大区别在于性格，一个被动，一个主动，而幸福这东西真的不是天水，它应该是泉水，你去挖掘了，你才可能享受到它的甘甜。

追求爱情不排队，这是一个竞争的时代，如果你太客气，那么对不起，早起的鸟儿才有虫吃！

传统文化里，对女性的守株待兔心理抱有畸形的赞美与欣赏，所以一个女孩在成长过程中往往没有寻找的能力，也不知有选择的权利，而幸福的婚姻，关键的两点，就是"追寻"与"选择"，如果没有这两个武器，那么只好听天由命了。而所谓的"坏"女孩——森女，当然不是指作奸犯科，而是那种女性独立思考的自主意识、自助精神与爱自己的品质。是的，学会爱自己，才是健康的，也只有这样才有自我，才抓得住幸福。这个世界，幸福是每一个人的事业。

学会爱自己，而不要在爱情面前成为一个没有骨气的自虐狂。爱情需要把握，婚姻更要经营。心理学家发现，人可以分很多类，但是有种人，具有独特的"幸福智商"，他们好像近水楼台，总是先得月。而生活里的不少貌似"坏"女孩往往拥有这样的"幸福个性"，主动、热情、坚强、敢爱敢恨、反应敏捷、心胸开放，当然还爱自己，甚至有些"自私"。

而"橱窗里的女孩"，也许贤惠，也许泪水涟涟，但是，如果自己不跑，就永远飞不起来，当然也做不了幸福的会飞的天使了！八卦命理说：一个人一辈子的桃花运都是有数的，每个人都不同，有多有少。但影响婚姻的桃花运不会超过三次。能抓住一次，你便可以婚姻幸福了。

幸福是每一个人的事业，紧紧抓住你的那份幸福吧！

09 森女，理智地面对爱情

森女从不轻易地把感情托付给花前月下的卿卿我我，而不在意结果。因为森女知道，如花美眷，始终敌不过似水流年。

请记住，你已经过了那个可以洒脱地说"只在乎曾经拥有，不在乎天长地久"的妙龄。

怎么样成功地与一位喜欢你而你也觉得不错的男人携手走进婚姻，才是你目前首当其冲要解决的问题。

当你过了25岁，如果你还相信爱情比面包更重要，还相信那个口口声声说着"我爱你"的男人会始终把你当成他心中唯一的太阳，那你就太天真了。

要相信他深情款款地握着你的手说"我爱你"，但你也要相信，这个"我爱你"是有保质期的，前提就是你必须在有限期前很好地使用。否则，过期食品食用轻则拉肚子，搞不好这身体还要留下后遗症。

当然，这个"我爱你"的有限期可能会比一朵花开的时间长些，但年轻的同胞们，我们还是要相信那句诗：有花堪折直须折，莫待无花空折枝。

当你过了25岁，千万不要被那些年轻的小弟弟式的少年特有的痴狂和执著所感动。

因为他每天的上下班接送、纯净坦率的嘘寒问暖，或者为了你轻轻的一句想吃什么东西而半夜跑遍所有商店，这种种行动，打动了你寂寞的芳心，让你感到了久违的温暖。然后，慢慢地开始让自己相信其实年龄不是问题，思想没有差距，财富可以拉近距离。

如果你不想在你人老珠黄的时候，蓬头垢面地对着境子空叹白白地为他人作嫁衣，看着自己昔日一手调教出来的男人，今朝成了哪个年轻的女孩温柔体贴的老公，那你最好不要去轻易尝试这种在主观和客观上都没有任何安全系数的游戏。

除非你真的是"万人迷"，否则，还是宁愿当个平凡的"结婚狂"来得实在。

当你过了 25 岁，千万不要和已婚男人纠缠不清。已婚的有钱男人，除了已经具备情场高手猎艳的特性以外，他同时可以做到家里外头两不误，在家是绝对的好老公好爸爸，在你面前则是绝对的好情人。同时对几个以上的漂亮女孩大献殷勤，见缝插针更是他们的看家本事。

要拿青春赌明天吗？那只是个逢赌必输的游戏。在这种畸形的三角或者四角游戏中，你永远不会是赢家。已婚的有钱男人是越活越聪明，而陷入这种情感漩涡的女孩，却往往是越活越傻。痴痴地等一个永远无法兑现的诺言，无怨无悔地贡献青春。却不知，人家出来玩的有房子有车子有妻子有孩子，在美女层出不穷的时代，谁犯得着为了哪个过时美女与自家人大动干戈？

家里已经有一个黄脸婆，即使再换一个，到头来依然还是黄脸婆。哪个男人愿意面对千夫所指，做这种吃力不讨好的事情。

森女，宁愿选择远远地观望，而不会去飞蛾扑火。

森女知道，无论你是天鹅还是丑小鸭，首先只有好好地爱自己，才有资格得到别人的爱。每一个女孩，都是一道风景，都值得拥有一份属于自己的爱情和天空。等不到可以爱的人，孤单也是一种享受，自己亲手为自己煮一杯咖啡，也会得到香醇的温暖。

在森女看来，每一个女孩，都有权利去追求自己想要的东西。有好多好多的爱，就可以过简单平静的生活，朝朝暮暮，坐看云起，也是幸福的一种。没有好多好多的爱，物质同样可以带来安全和温暖。

　　如花美眷，始终是敌不过似水流年。女孩们，面对爱情，需要保持一颗理智的心。

10　爱一个人并不是抛弃全部

一个体形与外貌均不甚美丽的女孩悄悄地爱上了一个大帅哥，可帅哥其实是早已有心上人的。帅哥婉转地拒绝她说："你是一个很有特点的女孩子，可是如果你能塑造出一个全新的自己，我想，我可能会爱上你。"当时，正在热播一部偶像剧，剧中的女主角通过整容俘获了自己的白马王子。

这个女孩也把帅哥的话当真了，她把生活的重心全转移到了瘦身与整容上。不幸的是，这女孩在一次整容手术中发生了感染。女孩已经接近了貌美如花，可严重的感染也使她的生命走到了尽头。弥留之际的她想见帅哥最后一面，可这时帅哥正在婚礼上迎娶着自己的新娘，他当然不可能这时候到医院去看一个对自己无关紧要的女孩。

这个故事把许多涉世未深的女孩们都感动得一塌糊涂，大家都愿意为女孩的痴情流一把热泪。可最终女孩是遗憾的，执迷不悟地爱一个人，甚至把性命都搭了进去，却连那个男人看自己最后一眼的机会都得不到，这样的爱到底算什么爱？为什么要为这种盲目的爱去感动？

对此森女是不屑一顾的，对于森女来说，你可以去爱一个男人，但不要把自己的全部都赔进去，没有哪个男人值得你用生命去讨好，像故事中的那个女孩，连自己不甚美丽的外表都不能接受，不能热爱，还怎么让别人来爱你？爱上一个男人并没有罪，有罪的是爱一个人时忘记了去爱自己。

在森女看来，爱不是无所顾忌、无所保留地奉献自己的每一个细胞，然而现实生活中，很多女孩都习惯把爱情当成生命的支点，并且可以为这个支点押上自己的全部，她们希望这样能让爱情与生活达到平衡，让男人完全属于自己。但事实上，除了爱情以外，她们一无所有。爱情一旦崩塌，她就什么都没有了。于是为了能留住唯一的爱情，她就一再妥协一再忍让，在渴望避免伤害中一再被伤害。

女孩的幸福谁能给予？是卿卿我我的爱情中的那个男人吗？不可能，因为在他还迷恋的时候，女孩是捧在手心里的一个宝，是不沾人间尘土的天使；在他厌倦的时候，女孩就成了墙角边的一块瓦，是想甩开的一个累赘。女孩的幸福在女孩自己的手上，是自己给予自己的。所以你一定要精神独立，你第一是你自己，第二才是某个人的女朋友。

要知道，男人永远不会忘记那个对他狠的女孩，森女之所以能狠得起来，也是她还有自己的东西、自己的生活、自己的未来。她的人生不是构建在某个男人身上。

所以，我们要像森女那样，恋爱时你可以对他好，但哪一天觉得不好了，就"狠"一点分手，不要认为恋爱就必须结婚，假如中途分手就觉得丢人。你一定要相信，第三次世界大战不会因为你与谁分手而爆发。所以女孩们不要傻，不要怕别人议论，好命是在你自己手上的，一定要学会在精神上独立，完全按自己的感觉来操作自己，就是犯些小错也值得。

其实，在感情方面，再优秀的女孩都有被抛弃的可能，永远不要相信什么"他不要我，只是我不够好"这样的蠢话，事情往往是，你再好都没用，甚至问题的症结可能是因为你太好了，让男人产生了压力，他觉得与你在一起不能彰显他的强大，他感到累，就渴望挣脱你的"好"。

所以，不要随便就抛弃全部，你是一个完整的、独立的自己，在爱情之中受点苦是在所难免的，为爱情牺牲一些也不可耻，但要注意的是，一定要像森女那样，为自己设定一条底线，搭上全部去爱一个男人，就等于是自讨苦吃。

森女从不把爱情视为唯一。爱赋予我们生命，我们就应该为爱而更好地保重自己的生命。一个人的一生离不开爱情，但是绝对不能成为爱情的奴隶，从精神上把自己独立起来。要学会从一段爱情的阴影中走出来，你需要的不是更多的阴影，而是让受伤的自己带进阳光。他远去的时候，去浴室洗个澡吧，顺便把爱情也洗掉。保持你对生活的热情、你的自爱和灵魂的完整。

　　爱情就是爱情，不是万能的。爱情只是花前月下，不是人生的终结，它只是生活的一部分，很小的一部分，哪怕它贯穿你生活的每一个角落，并主宰着你赖以生存的精神世界，它也只是爱情。

　　　　爱情不是生活的唯一，要享受爱情，但绝不做爱情的奴隶。

森女的交际观：追求简单、直接的处世态度

01 我的心情我掌握

喜怒哀乐是人之常情，想让自己生活中不出现一点烦心之事几乎是不可能的，关键是如何有效地调整控制自己的情绪，做生活的主人，做情绪的主人。

人不可能永远处在好情绪之中，生活中既然有挫折、有烦恼，就会有消极的情绪。处世淡然的森女，也免不了一些烦恼，但森女往往善于调节和控制自己情绪，使自己无论什么时候看起来都是那么的优雅迷人。

每天清晨醒来，假如你被悲伤、自怜、失败的情绪包围，那你就如此与之对抗：沮丧时，你引吭高歌；悲伤时，你开怀大笑；病痛时，你适时娱乐；恐惧时，你勇往直前；自卑时，你换上新装；不安时，你提高嗓音；穷困潦倒时，你想象未来的财富；力不从心时，你回想过去的成功；自轻自贱时，你注视自己的目标。

一旦你控制了自己的情绪，你就主宰了自己的命运。

学会控制情绪是成功快乐的要诀。在愤怒之前，先冷静下来。如果你发起脾气，对人家说一两句不中听的话，你会有一种发泄感。但对方呢？他会分享你的痛苦吗？你那火药味的口气、敌视的态度，能使对方赞同你吗？

性格的力量包含两个方面：意志的力量和自控的力量。它的存在有两个前提：强烈的情感和对自己情感的坚定掌控。善于控制自己情绪的人，比较善于驾驭人生。让我们努力提高这方面的能力，及时、迅速、有力的赶走自己的坏脾气。

芳芳是一家大型企业的高级职员，她的能力是有目共睹的，无论是工作能力，还是文字水平，均是单位一流水平的人才，这一点上司也是充分肯定的。平时，芳芳的热情大方、率真自然，是比较受人欢迎的。但是，成也萧何，败也萧何。芳芳的率直和不加掩饰，在职场中有时可是个大忌。

前不久，单位提拔了一个无论是资历，还是能力和业绩都不如她的女同事。芳芳很是生气，平时上司就对这位女同事特别关照，什么提职、加薪等好机会都想着她，好事几乎都让她承包了，眼看着处处不如自己的同事，一年之内竟然被"破格"提拔了三次，可自己的业绩明明高出她好几成，可上司好像视而不见，只是一个劲地让她好好工作，而好机会总没她什么事。

这次，芳芳真的恼了，她义愤填膺地跑到上司的办公室去"质问"，并义正词严地与上司"理论"起来，可上司那儿早已准备了一些冠冕堂皇的理由，尽管这样，上司还是被芳芳搞得非常狼狈。

从这以后，芳芳的情绪一度受到影响，还因此备受冷落，同事也不敢轻易同她说话了。芳芳很难受，又气又急又窝火，自己怎么也想不通为什么工作干了一大堆，领导安排的工作也能高标准地完成，可为什么总是费力不讨好呢？看看那位女同事，也没干出什么出色的成绩，可人家不慌不忙地总是好事不断。经过分析，虽然原因是多方面的，但最主要的一条就是芳芳犯了职场中的大忌，太情绪化了，碰到事情和问题很少多想个为什么，只凭着感觉和情绪办事，只想干好工作，用业绩说话，在为人处事上太缺乏技巧了，常常费力不讨好。芳芳也想让自己"老练"和"成熟"起来，然而一碰到让人恼火的事情，她就是控制不住自己的情绪，尽管事后觉得不值，但当时就是不能冷静下来。

不能控制情绪的人，给人的印象就是不成熟，还没长大。

不说你也知道，只有小孩子才会说哭就哭，说笑就笑，说生气就生气。这种行为发生在小孩子身上，大人会说这是天真烂漫，但发生在成年人身上，人们就会怀疑这个人的人格了，就算不当你是神经病，至少也会认为你没有长大。如果你还年轻，则尚无多大关系，如果你已经工作好几年了，或是过了30岁，那么别人就会对你失去信心，认为你还没长大，没有控制力。

控制情绪是很重要的一件事，你不必"喜怒不形于色"，让人觉得你阴沉不可捉摸，但情绪的表现决不可过度，尤其是哭和生气。如果你是个不善控制情绪的人，不如在事情刚发生，引起了你的情绪时，赶紧离开现场，让情绪过了再回来；如果没有地方可以躲避，那就深呼吸，不要说话。这一招对克制生气特别有效。一般来说，年纪越大，越能控制情绪，那么你将给别人"沉稳、可信赖"的印象，虽然不一定能因此获得重用，或在事业上有立即的帮助，但总比不能控制情绪的人好。

大多数女孩都有过受累于情绪的经历，似乎烦恼、压抑、失落甚至痛苦总是接二连三地来，于是频频抱怨生活对自己不公平，企盼某一天欢乐从天降临。其实喜怒哀乐是人之常情，想让自己生活中不出现一点烦心事是不可能的，关键是如何有效地调整控制自己的情绪，做生活的主人，做情绪的主人。

许多年轻的女孩都懂得要做情绪的主人这个道理，但遇到具体问题总是知难而退："控制情绪实在是太难了。"言下之意就是我是无法控制情绪的。别小看这些自我否定的话，这是严重的不良暗示，它真的可以摧毁你的意志，让你丧失战胜自我的决心。还有的人习惯了抱怨生活，"没有人比我更倒霉了，生活对我太不公平。"抱怨中她得到了片刻的安慰和解脱："这个问题怪他人而不怪我。"结果却因小失大，让自己忽略了主宰生活的乐趣。所以要改变一下对身处逆境的态度，用开放性的语气对自己坚定地说："我一定能走出情绪的低谷，现在就让我来试一试！"这样你的自主性就会被启动，沿着它走下去就是一番崭新的天地，你会成为自己情绪的主人。

其实调整控制情绪并没有你想的那么难，只要掌握一些正确的方法，就可以很好地驾驭自己。在众多调整情绪的方法中，你可以先学一下"情绪转移法"，即暂时避开不良刺激，把注意力、精力和兴趣投入到另一项活动中去，以减轻不良情绪对自己的冲击。

下面是森女用于控制情绪的方法，不妨一试：

（1）遇到事情和问题先别急，要冷静思考，领导之所以信任和提拔这位同事，她一定有让领导认可的能力。

（2）碰到恼人的事情，先不要发火，拼命让自己安静下来，然后再做决定。

（3）一定要学会制怒，有些事情一旦爆发，事后是无法弥补的。

（4）不要苛求什么，学会缓解和释放压力，调整好心态，心平气和地做人做事。

总之，在生活中，每当你发脾气、或在愤怒的情绪下工作时，你就应该像森女那样分析所有使你愤怒的原因，然后避免使自己暴露于那些痛苦之下。要知道，学会控制和调控自己的情绪，是一个人走向成熟、迈向成功人生的重要基础。

做生活的主人，做情绪的主人，才能无论什么时候看起来都是那么的优雅迷人。

02　不仅仅只要平等

成功对男人而言是耀眼的魅力光环，而对森女却不尽然。在森女感性的表象之下，还有一层更具人性的光彩，那就是独立。

著名女记者范春歌是爱上地图的女人，曾有多次单骑横越中国采访的经历。在路上，她曾被藏獒追逐，她骑车翻越险峭的二郎山，穿越百余华里的戈壁荒漠，在那些有时仅能见到一只秃鹫的日子里，她从来不失人的尊严，尤其是女性的尊严。她超过男性许多倍的勇气是她走在路上的通行证，她走着，从来都是长发飘飘，对在高原上筑路的工人、守卫边防的战士，她满怀女性的柔情和通达。她说："只要世界上有路，就有上路的；有天职在，就有听从召唤的；有死神，就有敢去赴约的……"面对险阻，她以行动印证了她的话。

可是，她更是一个女人。每次远行归来，她都要化好妆穿着长裙出现在人们面前。我们曾有多次关于情感和女性的深刻交谈。真实的春歌坚韧却充满女性的如水柔情，她爱流泪，情感率真；她更是个活在梦想中的女人，她的生命永远受梦中橄榄树的招引。这样的女人，到老都会魅力四射。

诗人们总是在永恒之女神导引下认识世界的过去和未来。莎士比亚所创造的世界文学巅峰，巅峰上的星辰全是女性，她们不仅温柔又坚贞，而且可爱又充满美感。女性绝对需要和男性有大区别。女人一旦成为男子一样的所谓"强人"，这个世界上还有存在男女两性的必要吗？

我们看到，这个时代已经呈现男女两性趋向"中性化"的趋势。尽管在社会学意义上，确认女子与男子具有同等的社会地位与社会权利，这是有道理的，但是，现代的女性还是崇尚古典意义上的女性美。无论在哪个世纪，站起来的女性都不要失掉与生俱来的灵气和温情。女性发自天性深处的泪水，是男性的甘霖，也是人性的甘霖。

21世纪给现代女孩带来更多的发展机会，同时也使她们面临着来自外部世界以及女性自身的严峻挑战。做一回不甘心、不认命、在男人眼中就是瞎折腾类型的"森女"，意味着不再被动地接受命运的安排，而希望由自己来选择生活。你不愿循规蹈矩，带有冒险色彩，从更积极的意义上讲，正是女性具有生命活力和创造力的体现。只有像森女那样做一个独立的女孩，你才有发展的可能。

森女，哪个场合有了她们，场面就会变得生动而飞扬。森女体现的是现代时尚女孩们的一种生命价值观，一种生态体验，是企图获得更大的精神空间，是一种对自然生活的返璞归真。她们可以在永不安分、不认命、不知足、喜欢冒险和回归自然的过程中，体验生命的本质意义和颠覆传统的快感，她们永远是独立的一族。

那么森女是如何竖起"独立"的旗帜的呢？

（1）抛弃依赖男人的思想

女孩子长期以来被灌输了依赖男人的思想，其中包括精神上的依赖与生活上的依赖。森女都坚信：婚姻被旧式女人视为找到一个"依靠"。现在的别人是靠不住的，唯一可靠的只有自己。

（2）做到经济上的独立、自主

一个女孩子只有真正做到经济独立，才能真正在社会生活及个人生活中具备与男人相等的地位，才有可能平静地面对风雨飘摇的婚姻，甚至有能力拒绝婚姻。

（3）提高个人的生活技能

女孩们要具备面对各种生活处境的能力，能够独自承担生活中的一切挑战。许多通常被定义为男人事的劳务，女孩也应该学会自己承担。因为劳务的性别分工本不存在自然的原因，而完全是社会性别的约定俗成。女孩子其实在任何方面都不比男人差。同时，我们也应该充分利用社会化的家务体系，这一切都使独身生活变得轻松。

（4）社交群落与社交方式多元化

当一个女孩进入广阔的社交网络时，便可以从异性或同性朋友那里获得更多温暖的情谊，这使她们更有力地面对生活中的种种挫折。

此外，做森女还得有一些条件：要有良好的教育背景，对自身有清醒的判断能力，具有充分的经济上的独立，心智上要非常发达，要有一个非常健康的心理环境。森女，是十分坚韧、十分内敛的女性，对自己的能力和实力很有信心，拥有一种阳光心态，有足够的力量抵御外界的伤害。

即便是"王子在侧"，她们也会看他是不是够标准，绝不会委屈自己轻易降低标尺。她们的聪明还表现在比以往更会精打细算地当家理财。何时购物最划算，银行降息怎么办，同样的钱在不同的地方可办多少事，买哪只股票有戏……她们比谁都清楚。所以，看商场一轮一轮的促销活动中，男人常常是大呼小叫，森女却不动声色，她们心里盘算得紧呢。

森女注重生活品质。一般都有善待自己的安排，定期做面膜、跳健身操，游泳等，将收入的 1 /3 花在服装、化妆上。30 岁以下的现代女性希望自己年轻美丽，30 岁以上的希望自己优雅迷人，更重要的是她们认为好的形象不是为了给男人看的，这是她们对自己的要求。

常能看到结伴的森女安静地泡在各种各样的吧里，轻吸慢饮小巧的茶点、可人的冰淇淋，或者是啤酒；爱动的一起去旅行。她们男友很多，她们的魅力如磁铁般吸引着男人，令他们久久地围在她们身边。她们并非是他们传统意义上的女友，而是他们的红粉知己，有点哥们儿朋友的意思。

总之，森女的横空出世，是女性的自我肯定、自我宣泄、自我拯救的别样方式，是现代女性在新的历史条件下，对自己能力的检测与发问，是现代女性解放的标志之一。

独立能够让女孩在感性的表象之下，更具一层人性的光彩。

03　不想干的事情，直接说"不"

森女懂得，敢于说"不"是对自己负责，也是对别人负责，敢于说"不"是一种人格魅力，而且这样做还能给自己树立起一个硬朗的形象，让自己气场大增。

身边常有这样的女孩子，一味地照顾别人的感受，凡事都习惯于说"是"的女孩，经常给别人面子，认为那是一种对别人的尊重。然而，她们没有意识到，自己并没有因此得到别人的尊重。想要做森女就应该学会如何果断而尊重地拒绝。

张小娴曾说："如果一个男人总是要求你隆胸，要求你割双眼皮，要求你减肥，要求你按照他的审美标准来改变自己，那么你要做的，不是换掉你身上某个他认为不美的地方，而是应该换掉这个男人！"森女都是有主张的人，面对男人的要求，她们有勇气说"不"，甚至有勇气离开这个男人。

在森女看来，不仅是在爱情中女孩们要学会说"不"，在日常的人际交往中女孩子同样应该学会说"不"。在人与人交往的过程中，我们经常会遇到很多自己不愿意做的事。这时，只要我们轻易地说出一个"不"字，也许就能轻松、释然了，但有些人就感觉这个"不"一字千金，憋足了劲也说不出口，结果害了自己，也害了别人。所以，该说"不"时，我们要毫不犹豫、斩钉截铁地说"不"。

梅兰刚参加工作不久，姑妈来到这个城市看她。梅兰陪着姑妈刚把这个小城转了转，就到了吃饭的时间。

梅兰身上只有50块钱，这已是她所能拿出来招待姑妈的全部，她很想找个小餐馆随便吃一点，可姑妈偏偏相中了一家很体面的餐厅。梅兰没办法，只得硬着头皮随她走了进去。

俩人坐下来后，姑妈开始点菜，当她征询梅兰意见时，梅兰只是含混地说："随便，随便。"此时，她的心里七上八下，衣袋中仅有的50元钱显然是不够的，怎么办？

可是姑妈似乎一点也没注意到梅兰的不安，她不停地称赞着可口的饭菜，梅兰却什么味道都没吃出来。

最后的时刻终于来了，彬彬有礼的侍者拿来了账单，径直向梅兰走来，梅兰张开嘴，却什么也没说出来。

姑妈温和地笑了，她拿过账单，把钱给了侍者，然后盯着梅兰说："梅兰，我知道你的感觉，我一直在等你说'不'，可你为什么不说呢？要知道，有些时候一定要勇敢坚决地把这个字说出来，这是最好的选择。我来这里，就是想让你知道这个道理。"

事实上，那些顾于面子不敢说"不"的女孩其实是意志不够坚强的。她们通常认为断然拒绝对方的请求未免显得太过无情，而若是在答应后方觉不妥，且又力不从心难以履行诺言时再改变心意拒绝对方，显然已经太迟。因为，等无法做到允诺的事情时再提出拒绝，给人的印象更糟，甚至需要付出相当大的代价去弥补损失或兑现承诺。如果这件事只限于个人的烦恼，还称得上是不幸中的万幸，就像梅兰那样，姑妈只是想考验她、教育她。若是换成朋友真想让梅兰请客，那就会发生不愉快，甚至产生怨恨，岂非得不偿失？

如果在慎重考虑、权衡利弊之后，决定了要拒绝，那就一定不要拖泥带水。果断地说"不"也是气场强大的表现。当然，当你不得不拒绝别人时，也要讲究礼貌，如果一开口就说"不行"，势必会伤害对方的自尊心，引起对方强烈的反感，而如果话语中让他感觉到"不"的意思，从而委婉地拒绝对方，才是森女的拒绝之道。

敢于说"不"是对自己负责，也是对别人负责。

04 森女，因热情而美丽

热情是一种难能可贵的品质。正如某位名人所说："要想获得这个世界上的最大奖赏，你必须拥有最伟大的开拓者所拥有的将梦想转化为全部有价值的献身热情，以此来发展和销售自己的才能。"

森女的热情主要体现在人际和工作上。

陈旧、呆板、枯燥的谈吐使人难以忍受，新鲜、活泼、生动的交谈使人兴奋、共鸣，冷若冰霜的交谈令人倒胃口，笑容可掬的谈吐会使人心中春意盎然，有一腔热血。无限深情，有心与心的相撞，情与感的交融，才能使气氛活跃起来。听人谈话时，应该做出积极的反应，报之以点头、微笑、手势等，这样会使对方兴致勃勃，气氛就会更轻松自如。你如发表见解，说话务必要干净利落，简明扼要，长篇大论的"演说"，往往会引起冷场，使人腻烦。交谈中务必要做到言之有据、言之有理、言之有物、言之有味，才会使场面活跃顺畅。佶屈聱牙、故作艰涩的言谈，人们是绝不会欢迎的，笑容是结束谈话的最佳句号。

这最后的印象往往最难忘却，可以长期留在对方脑海中。

若与陌生人初次相交，交谈时就要紧紧抓住刚见面的第一个五分钟，然后迅速扩大"战果"。美国的朱尼博士在他的一本著作中说，"交际"的重要一点，就在于相互接触的第一个五分钟。他认为人们接触的第一个五分钟主要是交谈。在交谈中，您要对所接触的对象谈的任何事情都感兴趣。无论他从事什么职业，讲什么语言，对他的谈话都要有耐心。如果你够热情，你就会觉得整个世界充满情趣，你也将得到更多的朋友。

当你遇到素昧平生的人，欲同他交往时，如有双方都认识的第三方介绍，就容易使你们尽快找到共同语言，初次见面时，你要尽可能的落落大方，而不要扭捏作态，或手足无措。待人要笑容可掬、春意盎然，而不是冷若冰霜、酷似严冬。

工作是个人价值观的体现，应该是幸福的事情，可是为什么人们却把它当做苦役呢？绝大多数的人都会回答是工作本身太枯燥了。然而实际上问题往往不是出在工作上，而是出在自己身上。如果你不能热情地对待自己的工作，那么即使让你做你喜欢的工作，一个月后你依然觉得它乏味至极，大多数人都有过这样的经历。IBM 前营销总裁罗杰斯说过："我们不能把工作看做是养家糊口，我们必须从工作中获得更多的意义才行。"我们得从工作当中找到乐趣、尊严、成就感以及和谐的人际关系，这是我们作为一个人所必须承担的责任。

当我们在职场中遇到这样那样的失败的时候，我们总是喜欢从外界为自己找借口开脱，比如说竞争太激烈、大幅度裁员等，而很少会仔细地审视一下我们自己。我们总认为无精打采地上班，磨磨蹭蹭地去工作不是什么大事情。然而，正是这些不经意的事情，才让老板下定决心辞退你的。

热情对于一个身在职场的人来说就如同生命一般。如果你失去了热情，那么你永远也不可能在职场中立足和成长。凭借热情，我们可以释放出潜在的巨大能量，发展出坚强的个性；凭借热情，我们可以把枯燥乏味的工作变得生动有趣，使自己随时充满活力，培养自己对事业的狂热追求；凭借热情，我们可以感染周围的同事，让他们理解你、支持你，拥有良好的人际关系；凭借热情，我们更可以获得老板的提拔和重用，赢得珍贵的成长和发展的机会。

如果你下定决心要在枯燥的工作中倾注热情，使之成为最有趣的工作，那么先从小事开始吧。

（1）比别人先行一步。彻底改掉总是跟在别人后面，做事总比别人慢一拍的坏习惯。在工作中先行一步，比如，电话铃响起时，抢先接电话，尽管你知道不是找自己的；当客人或上司来时，最先起身接待；在会议上，最先发觉该给他人的杯子里添水等。反应敏捷、做事勤快、行动力强就是热情工作的最直接体现。

（2）积极主动地做事。做事情时别慢腾腾的，那会给人消极怠工的印象。把热情投入到工作中去，你会发现很多问题，主动想办法解决这些问题，不但会从中学到很多知识，还会给上司和同事留下果断和利落的印象，无疑这对于你获得成长的机会大有益处。

（3）走路时挺胸阔步。慢腾腾地走路给人的感觉就是无精打采，这种消极情绪不但会影响同事的情绪，还会使老板怀疑你的工作积极性，如此怎么能热情地工作呢？昂首阔步地走路，为自己创造良好的心态，鼓励自己把全部的热情倾注于工作，工作起来才会意气风发。

把热情倾注在你的工作或学习中，会使你的面目焕然一新。热情也是影响人际关系的重要因素，热情的女孩在与人交往的过程中，积极主动，勇于承担责任，乐于给他人以关怀和帮助，因而更受人欢迎。

当一个女孩满怀热情与人交往时，会把更多的注意力投入到交往对象以及双方的感情互动与交流上，使两人之间的情绪同步协调，而热情者往往是主动者、控制者。不管何时何地，你都要保持高度热情，最好现在就开始。如果能将它转化为生活的态度，你会发现自己的生活观念比以前更积极，活得也更快乐。

如果你够热情，你就会觉得整个世界充满情趣，你也将得到更多的朋友。

05　森女，因真诚而动人

真诚是勇敢的生活态度，它是我们思想和行动的出发点和归宿。真诚不虚张声势狐假虎威。它似乎因清澈透明而软弱无力，但其实是强韧的，使我们简洁明快，干爽清正。

真诚不是智慧，但是它常常放射出比智慧更诱人的光辉。凭智慧千回百转不曾得到的东西，凭着真诚，顺其自然就会拥有。

我国著名的翻译家傅雷先生曾说："一个人只要真诚，总能打动人的。即使人家一时不了解，日后也会了解的。"

一把坚实的大锁挂在铁门上，一根铁棍费了九牛二虎之力，还是无法将它撬开。钥匙来了，它瘦小的身子钻进锁孔，只轻轻一转，那大锁就"啪"的一声打开了。铁棍奇怪地问："为什么我费了那么大力气也打不开，而你却轻而易举地就把它打开了呢？"钥匙说："因为我最了解它的心。"

那么，在人际交往中，如何才能打动别人的心呢？这其中有很多奥秘。要想了解一个人的内心，就要求我们无论与谁沟通，都要抱着真诚的态度。如果在沟通前就抱有不可告人的目的，为目的而与人相处，为利益而与人沟通，这样的结果只能算是交际或者"利用"，是不能打动别人的，也不会得到别人诚恳的帮助。

关心他人与其他人际关系的原则一样，必须出于真诚。不仅付出关心的人应该这样，接受关心的人也应如此。它是一条双向道，当事人双方都会受益。

林禾是一家保险公司的资深业务员，她已从事保险营销工作 6 年，她的业绩一直是全公司最好的。别人问她成功的秘诀是什么，她笑笑说："我没有什么秘诀可言，即使有也是广为人知的道理。我所用的方法是做别人不愿做、做不到的事，我做到了言行一致，我给顾客的承诺是全天 24 小时服务。即使是深更半夜打电话也能找到我。"

一天午夜 12 点她的手机响了，她立即接通电话，但对方没有声音，一分钟后电话挂了，凌晨 2 点，她的手机又响了，她接通电话，对方仍是没有声音，一分钟后，又挂了。凌晨 4 点，她的手机又响了对方还是没有声音，一分钟后，第三次挂了。凌晨 6 点手机又响了，她仍然非常热情地说："请问先生哪位，有什么需要我做的吗？"对方没有说话，第四次挂了。

上午 10 点，她在办公室上班，突然接到一通电话："20 万的支票已准备好，请带保单过来签约。"原来此人正是那个先后打了四次电话不说话的人。

真诚地对待别人，能够获得人们的信任，能够争取到用全部身心帮助自己的朋友。这就是用真诚换来真诚。如果我们在发展人际关系、与人打交道时，能用诚信取代防备、猜疑，就能获得出乎意料的好结局。

曾经有这样一个女孩，她生得自卑，没有可观的家境，没有家人的疼爱，没有美丽的外表。她每来到一个地方，那里的人都嘲笑她，欺辱她，她成了别人的笑料。她非常自卑，但她是一个真诚的人，这是她最大也是无人可比的优点。她像孩子一样，有一颗没经污染的纯真的心，总是展现出真诚的一面给别人。虽然经历了一次又一次的挫折和伤害，但是最终她还是成了大家的好朋友。

如果你能用得体的语言表达你的真诚，你就能很容易赢得对方的信任，与对方建立起信赖关系；对方也能因此喜欢你说的话，并因此答应你提出的要求。能够打动人心的语言，才称得上是"金口玉言""一诺千金"。

那么，怎样才能让别人更好地感觉到你的真诚呢？

（1）保持本色不做作

内在的气质是最宝贵的，一个真正懂得与他人相处的人，绝不会因场合或对象的变化而放弃自己的内在特质，盲目地迎合、顺从别人。保持真实的自我不是使自己与别人格格不入或标新立异，甚至明明知道自己错了或具有某种不良习惯而固执不改，而是保持自己区别于他人的独特、健康的个性。那些具有个性的人，也具备一定的魅力。

（2）不要不懂装懂

不懂装懂的人是令人讨厌的，特别是在长辈、知识渊博的人面前，更不要班门弄斧，以免贻笑大方。对自己不懂的东西，哪怕是在同辈面前，也要不耻下问。在长辈面前感到说话困难的原因是难以寻找共同的话题。与其如此，倒不如当对方说了自己不知道的事情后，就老老实实地请教说："那么，请教教我吧。"

（3）不掩饰自己的缺陷

真诚会体现在外在形象上，对缺陷适当掩饰是可行的，但过分的掩饰反而适得其反。如果太过计较，难免跌入自卑深渊。皮肤黑的女士，如果涂上一层厚厚的白粉掩饰，容易让人产生粗俗不堪的印象。忘掉自己的缺陷，看到自己的长处，培养多方面的兴趣和爱好，把精力集中在更有意义的活动中，这便是最好的办法。

（4）不要否认自己的过错

有些人明明知道自己错了，却硬着头皮不认账，甚至还要争辩，致使矛盾得不到解决，彼此的隔阂不能消除，相互之间的交往是谈不上了，还让人觉得此人蛮不讲理，像个无赖之徒。"人非圣贤，孰能无过？"如果你错了，就很快地、很坦诚地承认。这样你获得的友谊将使你分外满足。

没有一个人愿意与不真诚的人打交道。不真诚的人让我们惧怕，让我们躲避，而真诚的人让我们乐于靠近，乐于与其交往。我们都喜欢与真诚的人交往与共事，因为与真诚的人在一起，心里才会有踏实感。同样，与人交往时，我们只有真诚地对待别人，别人才会真诚地对待我们；我们只有真诚地对待别人，才会获得别人的接纳与合作。

生活中要做一个真诚的人不容易，因为它来不得半点虚假和功利，需要实实在在地付出、奉献。真诚待人、克己为人的人，也许偶尔会被欺诈，但他们时时受人欢迎。另外，真诚对待别人，要做到坦荡无私、光明正大，一旦发现对方有缺点和错误，特别是与他的事业关系密切的缺点和错误，要及时地指出，督促他改正。面对一个处处为他人着想，绝不为个人利益放弃诚实的人，人人都会真诚地接纳他，愿意和他交往。所以我们要学会体谅他人的心情，做一个真诚的人。

　　具备真诚这一特质的女孩总能交到不少的朋友，相反，虚假的人总会很容易被人识破。交往的时间长了，你是什么样的人，对方总能看出来，唯有真诚的人，总能打动人心，维系与朋友的良好关系。

　　我们只有真诚地对待别人，别人才会真诚地对待我们，才能获得成功。

06　与他人分享幸福与快乐

热爱生活，享受生命，让自己的人生充满欢乐，是人生的一种高境界，但是森女追求的不仅仅是让自己成为快乐的人，而且还要把快乐带到邻里、同事、朋友中间，使大家都沉浸在快乐之中。

放眼四周，到处都洋溢着快乐的气氛，只是要看你是否有双可以发现快乐的眼睛。快乐是美好的，快乐是可以分享的，快乐是需要传递的。与朋友分享快乐，是人世间最美好的事情。

有这样一个寓言故事，说以色列有一位小姑娘，因为以色列的犹太教规定周末不能够娱乐，应该在家里工作或者待着，她想既然礼拜天大家都不能娱乐，她去娱乐的话没有人会知道，于是她礼拜天就去打高尔夫球。没想到第一杆就进洞了，她高兴得不得了，她接着玩，又一杆进洞了。天上小天使找到主，说："上帝，本来礼拜天是不可以娱乐的，她偷偷跑出来娱乐，你怎么不惩罚她？"上帝说："我现在就正在惩罚她。"她连续打了19杆，每次都是一杆进洞，但是她没法跟别人说，为什么呢？因为那天不能娱乐，如果跟别人讲，别人就会谴责她。这时候她才发现其实一杆进洞不重要，更重要的是分享。尽管你做得很出色，但你得不到他人的认可，你就会感到做这件事毫无价值。所以，分享在人们的生活中是很重要的。

现实生活中可以与人分享的东西有很多很多。与人分享快乐，你就会加倍快乐；与人分享幸福，就会加倍幸福；与人分享成功，你就会加倍成功；即便是痛苦，也可与人分享，因为在那种心与心的交流中，痛也就不那么痛了。

　　"独乐乐与众乐乐，孰乐？"也就是说，和与别人一起快乐，到底哪一种更加快乐呢？

　　答案那就是众乐乐。其实，在每个人的内心深处，都有一份渴望，渴望快乐和幸福。人际交往中，如果我们能够让别人感受到快乐和幸福，相信别人一定会投桃报李，给我们以同样的待遇。

　　也就是说，当我们快乐的时候，能够和别人一起分享那是最幸福快乐的。

　　可以说，海伦·凯勒是这个世界上唯一有充足的理由去抱怨人生不幸的人。海伦诞生时便是聋、哑、盲者，她被剥夺了同周围的人进行正常交际的能力，只有她的触觉能帮助她把手伸向别人，体验爱别人的快乐，一位虔诚而伟大的教师向海伦伸出了友爱之手，向她撒播幸福与快乐的种子，这位既聋、又哑、又盲的小姑娘最终成了一个幸福、快乐和成绩卓越的女人。海伦小姐曾经写道："任何人出于他的善良的心，说一句有益的话，发出一次愉快的笑，或者为别人铲平粗糙不平的路，这样的人就会感到欢欣是他自身极其亲密的一部分，以致使他终身去追求这种欢欣。"

　　海伦·凯勒之所以会成为一个幸福快乐地和成绩卓越的女人，是因为她同别人分享了优良而称心的东西，使自己得到了更大的快慰。

　　可见，你分享给别人的东西越多，你获得的东西就越多。你把幸福与快乐分享给别人，你的幸福与快乐就会更多。在与人分享的过程中，我们可以一边感悟着自己的经历，一边和大家探讨成功的经验，甚至还可以得到别人宝贵的意见，那就是意外的收获了。

　　所以，我们要像森女那样，把快乐带给身边的人，只有这样我们才能成为飘逸洒脱的人、快乐的人，也会成为一个受欢迎、受尊重的人。

把快乐带给身边的人，是人世间最美好的事情。

07 将笑容永远挂在脸上

笑容是一种令人感觉愉快的面部表情，它可以缩短人与人之间的心理距离，为深入沟通与交往创造温馨和谐的氛围。因此森女把笑容比作人际交往的润滑剂。

在森女看来，一个人的面部表情，比穿着更加重要。笑容能照亮所有看到它的人，像穿过乌云的太阳，带给人们温暖。没有什么东西能比一个阳光灿烂的微笑更能打动人的了。

森女脸上的笑容，是一种令人心情温暖的微笑，一种出自内心的微笑，比她身上所穿的衣服更加华丽动人。

一个纽约大百货公司的人事经理说：他宁愿雇用一名有着可爱微笑而没有念完中学的女孩，也不愿意雇用一个摆着扑克面孔的哲学博士。

所以，当你见到别人的时候，如果你也期望她们很愉快地见到你的话。请你微笑起来。就在这一刻。当你要去上班的时候，请对电梯管理员微笑，对大楼门口的警卫微笑，对公交售票员微笑。请对每一个人微笑，你很快就会发现，每一个人也对你报以微笑。

请你以一种愉悦的态度，来对待那些满肚子牢骚的人。你一面听着她们的牢骚，一面微笑着，于是问题就会变得很容易解决了。也许微笑还可以带给你更多的收入，每天都带来更多的钞票。

你的笑容就是你友好的信使，你的笑容能照亮所有看到它的人，对那些整天都看到皱眉头、愁容满面、视若无睹的人来说，你的微笑就像穿过乌云的太阳。

微笑的价值在于它不花费什么，但创造了丰硕的成果。

它产生在一刹那之间，但却给人一种永远的回忆。它在家中创造了快乐，在商业界建立了好感，在朋友间创造了友谊。它是疲倦者的休息，是沮丧者的白天，悲伤者的阳光，也是调节情绪最佳的良药。

在人际交往中，保持微笑，至少有以下几个方面的作用。

（1）表现心境良好

面露平和愉快的微笑，说明心情愉悦，充实满足，乐观向上，善待人生，这样的人才会产生吸引别人的魅力。

（2）表现充满自信

面带微笑，表明对自己的能力有充分的信心，以不卑不亢的态度与人交往，使人产生信任感，容易被别人真正地接受。

（3）表现真诚友善

微笑反映自己心底坦荡，善良友好，待人真心实意，而非虚情假意，使人在与其交往中自然轻松，不知不觉地缩短了心理距离。

（4）表现乐业敬业

工作岗位上保持微笑，说明热爱本职工作，乐于恪尽职守。如在服务岗位，微笑更是可以创造一种和谐融洽的气氛，让服务对象倍感愉快和温暖。

真正的微笑应发自内心，渗透着自己的情感，表里如一，毫无包装或无矫饰的微笑才有感染力，才能被视做"参与社交的通行证"。

所以，微笑是和解意愿的表达，是合作心理的反应，是快乐、轻松和自信的标志，对方会被你诚恳大方、积极主动的微笑面容所感染，从而改变固执的态度和不良的情绪，产生舒服的感觉。

由此看来，世界上没有比笑口常开就能达到目的、更便宜的事了。

那么，我们如何才能养成微笑的习惯呢？

（1）你要相信自己的微笑是世界上最美的微笑。

（2）让那些能够带来轻松愉快的事情围绕着你。

（3）在办公室里显眼的位置上，摆放假日里令你难忘的照片，比如，你家里的小狗，正儿八经地戴着一副眼镜，装模作样地打量着镜头。这些照片，可以使你从日常紧张的工作中得到片刻的休息。

（4）尽量消除或减少一些负面消息对你的影响。了解世界上所发生的一些新闻是重要的，但不必每天都是如此。

（5）最后也是最重要的一点，要学会自己微笑。记住一点，微笑不是仅仅为了别人，更是为了自己。

向你身边每一个人都露出一个愉快的微笑吧，那样你会赢得一个和谐的世界，因为微笑是两个人之间最短的距离。

无论你在什么地方，无论你在做什么，在人与人之间，微笑是一种通用的语言，它能够消除人与人之间的隔阂。人与人之间的最短距离是一个可以分享的微笑，即使是你一个人微笑，也可以使你和自己的心灵进行交流和抚慰。

一旦你学会了阳光灿烂的微笑，你就会发现，你的生活从此就会变得更加轻松，而人们也喜欢享受你那阳光灿烂的微笑。

在社交的花圃里，不能缺少笑声，不能没有笑声。你应该有一双聪慧的善于发现的眼睛，时时看到生活中美好的一切。应该有一双灵敏善于感受欢乐的耳朵，聆听生活中让你感到喜悦的快乐声音。你嘴角的花——笑容，才是永不凋谢的。

令人心情温暖的微笑，一种出自内心的微笑，要比身上所穿的衣服更加华丽动人。

08　倾听是另一种美丽的语言

上帝给我们两只耳朵一张嘴，就是叫我们少说多听，专心的听别人讲话，是我们所能给予别人的最大的赞美，因为，聆听是世界上最动听的语言。

在交往中，我们往往很少聆听对方的心声，却希望对方聆听我们，我们常常对于别人的漠不关心感到心灰意冷，却又以同样的态度对待别人，这样就构筑了沟通的障碍。

其实很多时候耐心倾听，要比对人进行说教强得多，因为表示赞赏地倾听，除了使自己获得知识外，还能使讲话人兴致盎然。倾听是所有沟通技巧中最易被忽视的部分，而受人喜爱的森女却是聆听的高手。

人际沟通是一种互动式的双向交流活动，双方共存于一个交谈场合，交替充当说话者和聆听者，忽视任何一面都可能导致交际的中断和失败。作为谈话者，应努力提高谈话艺术，作为听话者不但要聚精会神，体察对方心情和感受，理解真正含义，还要将自己的关注、理解通过眼神、身体语言等及时传达给对方，这样能加速达到沟通的目的。

倾听是一种能力，更是一种态度，是尊重别人，与人合作、友善待人，虚心求解的心态的表现。是一个人文明交际的综合修养的表现。

同时，倾听也是褒奖对方谈话的一种方式，是接纳对方、理解对方的具体体现。能耐心听取别人倾诉，就等于告诉对方赞许的态度，无形之中会提高说话人的自尊心、自信心，以至心情愉快，身体也就健康起来。

有效的倾听是可以通过学习而获得的技巧。认识自己的倾听行为，将有助于女性成为一名高效率的倾听者。

下面是森女倾听的一些技巧，大家来看看吧！

（1）消除谈话的干扰因素

外在和内在的干扰，是妨碍倾听的主要因素。因此要改进聆听技巧的首要方法就是尽可能的消除干扰。必须把注意力完全放在对方的身上，才能掌握对方的肢体语言，明白对方说了什么、没说什么，以及对方的话所代表的感受与意义。

（2）鼓励对方多开口说话

倾听别人说话本来就是一种礼貌，愿意听表示我们愿意客观地考虑别人的看法，这会让说话的人觉得我们很尊重他的意见，有助于我们建立融洽的关系，彼此接纳。

鼓励对方先开口可以降低谈话中的竞争意味。我们的倾听可以培养开放的气氛，有助于彼此交换意见。另外让对方先提出他的看法，你就有机会在表达自己的意见之前，掌握双方意见一致之处。倾听可以使对方更加愿意接纳你得意见，让你再说话的时候，更容易说服对方。

（3）迅速进入角色

在别人说话时，要迅速进入听者的角色，同时身体放松，头脑清醒，能够自然地听别人说话，别人一开口，就要集中精力对自己说"这很重要"，眼睛注视着说话的人，不要玩弄钢笔、稿纸等。

（4）要有耐心

要耐心地把话听完，切忌因为最开始的几句话就形成对他人的思维定式，认为你已经听得很明白了；也不要因为你不喜欢一个人的容貌、声音或者打扮就不认真听他说话，要兼收并蓄所有的新信息。

（5）观察对方的肢体语言

当我们在和人谈话的时候，即使我们还没开口，我们内心的感觉，就已经透过肢体语言清清楚楚地表现出来了。听者如果态度封闭或冷淡，说话者很自然地就会特别在意自己的一举一动，比较不愿意敞开心扉。

从另一方面说，如果听者态度开放、很感兴趣，那就表示他愿意接纳对方，很想了解对方的想法，说话的人就会受到鼓舞。而这些肢体语言包括：自然的微笑，不要交叉双臂，手不要放在脸上，身体稍微前倾，常常看对方的眼睛和点头。

（6）不要打断他人说话

善于听别人说话的人不会因为自己想要强调一些细枝末节、想修正对方话中一些无关紧要的部分、想突然转变话题、或者想说完一句刚刚没说完的话，就随便打断对方的话。经常打断别人说话就表示我们不善于听别人说话、个性激进、礼貌不周，很难和人沟通。

（7）采取反应式倾听

反应式倾听指的是重述刚刚所听到的话，这是一种很重要的沟通技巧。我们的反应可以让对方知道我们一直在听他说话，而且也听懂了他所说的话。但是反应式倾听不是像鹦鹉一样，对方说什么你就说什么，而是应该用自己的话，简要述说对方的重点。比如说："你说住的房子在海边？我想那里的夕阳一定很美。"反应式倾听的好处主要是让对方觉得自己很重要，能够掌握对方的重点，让对话不至于中断。

（8）尊重别人的观点

当讲话人的观点与你的一贯想法不一致时，不要有过于情绪化的反应，听别人把话说完。在得出结论前，让讲话人充分表达他的想法后，再对他的话作出评价。

尊重讲话者的观点，可以让对方了解，我们一直在听，而且我们也听懂了他所说的话，虽然我们不一定同意他的观点，我们还是很尊重他的想法。若是我们一直无法接受对方观点，我们就很难和对方彼此接纳，或共同建立融洽的关系。除此之外，也能够帮助说话者建立自信，使他更能够接受别人不同的意见。

一个在人群中滔滔不绝的女孩，或许很容易得到大家的尊敬和钦佩，可是一个懂得倾听并善于鼓励别人的女孩，却能更容易得到他人的好感和信任。倾听是在人际交往中制胜的一项很重要的法宝，也是成为森女所必备的基本社交能力。

懂得倾听的女孩，更容易得到他人的好感和信任。

09　闺中密友，密亦有道

身为女孩，谁没有几个闺中密友？她可以是你快乐生活的伙伴，可以是你时尚跟风的榜样．可以是你鸡毛蒜皮生活琐事的倾诉对象……对于女孩子来说，闺密几乎可以说是生活中与丈夫一样重要的角色，和闺密在一起可以为所欲为，畅所欲言，连一些对老公也未必如实相告的悄悄话也愿意和她说。

但森女知道，即使是与闺中密友相处时，也不能不重视任何礼仪细节，否则你迟早会失去朋友，到时你觉得可惜就来不及了。

（1）诉苦有度

女孩在与朋友相处时都喜欢诉苦，比如今天穿了一双新鞋把脚磨破了，上司的秘书让你背黑锅，网购买到的东西不合心意等，任何事情都能成为女孩子诉苦埋怨的对象。尽管她是你的闺中密友，尽管她摆出一副倾听的模样，也还是要提醒你，诉苦的话一定要控制再控制，没有人喜欢和祥林嫂打交道。每个人的包容力都是有限的。如果你只把对方当成倾倒感情垃圾的垃圾桶，迟早你会失去这个朋友。

（2）不当狗头军师

当好友向你诉苦时，大多数情况下都只是说说而已，你只要满足她倾诉的欲望就可以了。不要对对方的问题指手画脚，乱出主意。或许你只是出于好意，想要帮助你的朋友，但是很多时候你并不完全了解事情的前因后果，很可能会帮倒忙，甚至越帮越忙，不要把本来可以"大事化小，小事化了"的事情升级，相对的，如果你的闺密给你出谋划策，你也要认真地想一想再做决定，不要别人说什么就做什么。

（3）主动付出

朋友之间的交往不能是单方面的付出，而应有来有往。不要总是被动地等着别人来找你，有时主动掏掏腰包也是很有必要的。如果朋友有困难更应该及时地伸出援手，绝不能冷漠旁观或者只是动动嘴没有实际行动。你的热情和诚挚总有一天会得到回报。另外，在帮助朋友的时候，不要总是念叨你对她曾经的帮助，这会让人有一种很强烈的施舍感，会感到心里很压抑，也就不愿意和你做朋友了。

（4）保持平等

即使是再好的朋友，也要注意在彼此的关系中保持平等和适当的距离。绝对不对朋友作过分的要求，不要将对方的所作所为视作理所当然。知恩图报虽然说出来感觉有点生分，但领受了人家的好意却没有任何表示的人，是很难维系好一段友情的。如果你在朋友面前摆出一副高高在上的姿态，必然会让朋友感到和你变得疏远. 久而久之这段感情也就越来越难了。

（5）不互相攀比

安妮买了一双最新款的鞋子。秀秀买了一个名牌限量版的包包，小佳开上了宝马 Mini Cooper，总之别人有的你都没有。和这样的闺密在一起，你感到了压力。开始你可能只是一笑了之，但渐渐地就产生了自卑感，觉得自己太亏了，和别人比起来相形见绌，开始怨天尤人。这就是攀比心理在作怪。需要你端正自己的心态，要知道天下没有任何人是相同的，不能把别人的生活套在自己身上。当你处于被人羡慕的地位时，要低调，不要故意露富，炫耀只能说明你是一个没有修养的人。

（6）适当拒绝

在与闺中密友的交往中要主动热情，但是对于朋友的过分要求和超出自己能力范围内的要求，则应该委婉拒绝，不要因为不好意思开口就答应下来。

（7）不要公私不分

公事公办也是友情的杀手之一。这对于同在一个办公室的好朋友来说更是一个棘手的问题。也许一方想着，我们这么要好，何必对我要求这么严。即使出了事，也该罩着我才是。但另一方却想，明知我们这么要好，就不该为难我，把事情做好让我好对上面交代，不该老出一些情况害死我！如此无法达成共识，将会造成许多不便和伤害，尤其在公务上出现差错，相互责怪的情形将导致友情破裂，而当中一方因此承受公司的惩罚时，这段友情就再也无法挽回。

（8）不要什么都说

女孩子和闺中密友的倾诉之语，不像男人所恐惧的那么糟糕。女孩都喜欢和亲近的闺中密友倾诉，比如最近的一次家庭口角，抱怨一下婆婆，对占用丈夫所有闲暇时间的业余爱好表示不满。但是女孩们千万不要和闺中密友毫不顾忌地什么都说。

> 亲爱的女孩，一定要记得即使是与闺中密友相处时，也不能不重视任何礼仪细节，否则你迟早会失去朋友。

10　再好的朋友也要保持一定距离

　　最亲近的关系总是最脆弱的。朋友之间的关系作为人际关系的一种虽然没有骨肉血脉的相连，但却有一种亲情无法替代的东西。也许在生活中的某个瞬间，你会发现身边最好的朋友在那时就像一个翻版的自己，让你有一种心灵互动的感觉。但也有这样的时候，你认为你对好朋友了如指掌，他有许多事不该对你有所隐瞒。但从某一天开始，他突然疏远你而让你感到莫名其妙，或许有时你替他做许多事，但他却不领情。

　　森女认为，朋友之间互相关心是毋庸置疑的，但每个人都有自己喜欢的生活方式，如果任何事都不分你我的话，会使友情陷入一种尴尬的境地。朋友之间需要保持适当的距离，这样的友情才可以长盛不衰。

　　（1）真朋友就像凉白开

　　古人云："君子之交淡如水。"无需背负海枯石烂的誓言，不用防备"朝三暮四"的变迁，不必讲究嘘寒问暖的客套，也不用顾忌牵肠挂肚的担心，朋友就是那个愿意做你听众、却不让你内心不安的人。

　　煲电话粥也罢，促膝谈心直到东方发白也罢，烦闷与苦恼尽可以和盘托出。你感激他的耐心，他感谢你的信任，然后互道珍重各走各的路。

　　都市中人个个如刺猬一般，朋友间相处应该既能感受到对方的温暖又免于相互伤害，大可不必认准一个好友跟你分担所有的欢喜悲忧。忙的时候放在一边，有空的时候搞个聚会，需要的时候打个招呼，朋友就是这么简单。

　　（2）距离产生美

　　每一位画家在作品完成后，都要将画挂起来，然后再退后几步，站在一个合适的距离来欣赏，这样才能体会到作品的整体美。这种感觉在欣赏油画时更明显。太近了，看到的只是一块块颜料的堆积，太远了又看不明白。只有在距离合适的时候，你才会看到一幅完美的艺术作品。

其实人与人的交往也一样。人是大自然中最杰出的一件作品，那么，你在欣赏他人的时候，是不是也应该站开一点，留出一点距离呢？

事实上这种距离既是自尊，也是尊重他人。毕竟人是有思想的、独立的、完整的个体，同时也是有理性的、自私的动物。在这个社会中，每个人都要获取自己的生存空间，为了这个空间，人就要不断地去拼争。

留出距离就是给自己留出一个空间，也给对方留出一个空间，大家都有了自己的空间，才会和谐相处。

（3）朋友总会有不喜欢他人打扰的时候

朋友都会尽可能地为对方着想，但并不表示朋友一定要介入你的私人生活，也许更多的时候朋友是出自关心你的目的，怕你受到伤害才无意识地介入的，如果你不喜欢，最好是先给他暗示，但如果他仍然不明白，可以约他出来聊一聊，把自己的意思恰当地表达出来。

有的人把好朋友当成自己，认为好朋友之间就不能有秘密。其实，"无话不说"也要有个限度，就算是对最好的朋友，也要适当保留一些你个人的秘密，不要妄想借公开你的私人生活来证明你对朋友的诚意，也不要奢求朋友会对你的任何私人问题都有帮助，该是自己面对的就要勇敢面对。

如果两个好朋友在事业上能够志同道合，在生活上能够互相关心，而在私人生活上又相互独立，彼此不打扰对方喜欢的生活，那才是一种高尚的友谊，这是大家都愿意追寻的境界。

森女懂得，朋友就如同两条铁轨，只有保持平行才能走得远。真正的快乐是无法全部分享的，真正的痛苦也无法全部分担。与一个不幸的人分享痛苦，只能使他的内心更加凄凉。心灵和情感上的某些东西是别人无法替代的，正如两条铁轨不能相交一样。心扉完全敞开，容易伤风着凉。

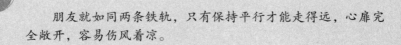

朋友就如同两条铁轨，只有保持平行才能走得远，心扉完全敞开，容易伤风着凉。

187

森女的工作观：顺其自然，随遇而安

01　森女，工作不仅仅为薪水

美国钢铁大王卡内基，曾在他的备忘录中写道："人生必须有目标，而赚钱是最坏的目标，没有一种偶像崇拜比崇拜财富更坏的了。"

很多年轻的女孩在刚跨入社会，都希望能够得到一份有很高薪水的工作，为此她们放弃了自己的兴趣爱好，专业知识。

森女对此却不以为然，森女认为工作是人生的一种需要，生命的价值在于工作之中。我们不光要从工作中获得金钱。同时还要获得乐趣和成就感。生活中，女孩们避免谈金钱是一种虚伪，而只谈金钱是一种浅薄。

每个女孩子都希望能够挣大钱，但是也应该时时牢记：薪水不是你工作的唯一目的。只为薪水而工作的女孩把工作下降到同吃饭、睡觉等生理需求等同的地位。她们往往对自己说："我只拿这点钱，凭什么去做那么多工作？我的活对得起这些钱就行了。"于是，她们在自己的唠叨中忽略了发展工作技能、增加工作经验以及职业素养，这样的女孩注定只能碌碌无为地度过一生，上帝从来不会眷顾拜金女郎。

炎炎夏日，一群工人正在公司门口外的花圃修剪着花。一辆豪华汽车缓缓驶来，眼尖的工人一眼就认出那是总经理的汽车，纷纷停下了手上的工作，议论纷纷。忽然，汽车停在了花圃前面，车窗缓缓打开，一个友善的声音从里面穿出："老王，是你吗？"工人队长老王回答说："是的，陈林。能够看到你真高兴。"聊了十几分钟后，总裁才握手和老王告别。

等车子离开后，工人们立刻把老王围住，对他居然是公司总经理的朋友而感到吃惊。老王告诉工友，10年前，他和陈林同时开始为公司工作，并且在一起工作了很长时间。一个工友半玩笑半调侃地问老王："为什么陈林已经成了总经理，而你却还在太阳底下工作呢?"老王叹了一口气，意味深长地说："10年前我为每小时2元钱的工资工作，而陈林是为了公司的未来奋斗!"

工作是生活中的需要。有益的工作能够使人思想丰富、智慧增进。假如女孩们工作只是为了能多挣一些工资，把工作当做解决自己生计问题的一种手段，那就得不偿失了。工资虽然是最直接的工作报酬，但是它只能是短期的利益，在工作中所学到的知识、经验才是最重要的，才是无价之宝。

晨星和王琳是一所著名高校的优秀毕业生，两个女孩不仅天资聪慧，才能出众，还有着相近的兴趣爱好，在生活中两人也是最要好的朋友。

毕业后，在导师的推荐下，两人到一家刚刚创办的小型公司应聘一个经理助理的职位。面试后，公司对两个人都非常满意，有意把两个人都留下来。但是王琳却对这家公司极为不满，她私下对晨星说："这家公司只能给我一个月800元的工资，但是另外一家企业愿意出1500元应聘我做文员。经理助理有什么了不起的？我还不如去当个小文员呢!"晨星却不这么认为，她说："我觉得这家企业非常有发展潜质，而且这个岗位更能发挥我的特长。我在这里能多学到一些本领，虽然薪水低一些，但也是值得的。我觉得，我在这里工作肯定会更有前途。"

由于理念不同，两人分道扬镳。王琳去另外一家公司当起了文员，而晨星则开始了自己的奋斗史。5年的时间过去了，王琳依然是个小文员，由当初1500元的月薪涨到了2500元，可晨星却已经从经理助理做到了总经理的职位，深得老板的器重，她的公司也蒸蒸日上。她的月薪由800元上升到了20000元，外加期权和红利。

仅仅5年时间，两个当年在同一起跑线上的两人却有了惊人的变化。这到底是为什么呢？非常明显，当初王琳被所谓的高薪蒙蔽了眼睛，而晨星对工作的选择却是以多学习和积累经验出发的。

金钱与人的能力是不能相提并论的，成功的女孩子具有的创造能力、决策能力以及敏锐的洞察力着实让人们羡慕，可是，这些能力她们并不是天生就拥有，而是在长年累月的学习和工作中积累起来的，应该说这些能力是工作赋予这些女孩最珍贵的回报。

生活中有很多女孩子专为薪水而工作，她们不尊重自己的工作，认为工作是生活的代价、是不可避免的劳碌。在森女看来，金钱固然能解决生存问题，但是比生存更可贵的，却是在工作中发展自己的潜能和才干，做正直而纯洁的事情。如果工作仅仅是为了生存，那么生命的价值也未免太低了。

从现在开始像森女一样努力吧！抛弃仅仅为薪水工作的习惯，不要被金钱蒙蔽了双眼。我们要明白，一个立志在职场上打拼的女孩，出发点应该是在工作中让自己的能力得到很好的发挥，积累自己的经验和其他一些成功资源，这才是最重要的。

生命的价值在于工作之中，我们不光要从工作中获得金钱，同时还要获得乐趣和成就感。

02 森女，享受工作的过程

　　年轻的女孩们最怕空虚。懂得生活的森女总有自己的精神支柱，她们永远不会感到空虚。因为有事做，正值青春的女孩才有朝气和活力，正常而规律的工作就是最好的美容方法。

　　许多在职场上拼搏的女孩子很会做到工作热情，她们看起来总是干劲百倍、英姿飒爽的样子！

　　李静给人的印象总是那么精力旺盛，充满自信，谈起话来思路清晰，口齿伶俐。她说，偶尔的工作情绪低落与消沉，每个人都曾经体验过。但是我们可以不断调整自己，从而使自己保持对工作的热情。

　　第一、必须明确工作目的，知道是为了什么而工作非常重要。如果你是为了理想，为了让自己活得有实实在在的价值、被他人和社会需要和认可、为了没有白活一生而工作，而不仅仅是为了一份薪水而工作，而是你作为人的价值体现，那么你就会感到快乐，感到工作时总是热情不减。

　　第二、分阶段给自己确定目标。我们往往是在爬坡的时候，感到干劲十足，充满热情，当爬上山顶的时候，反而觉得迷茫。所以职场上有必要在发展到一个阶段的时候，给自己树立新的目标。这样总是觉得有方向、有动力、有奔头，有助于保持高涨的工作热情。

　　什么是工作热情，在李静看来，实际上就是一个人能够心情愉悦地努力工作。她在单位里倡导"快乐工作"，大家在一起工作，要共同努力创造一个和谐快乐的氛围。快乐工作，有助于形成团结友爱、努力进取的团队精神；有助于缓解工作压力、提高工作效率、减少工作失误，也有助于大家的身心健康。大家不只是为了生存而工作，而是为了追求个人理想，实现个人价值而工作。不要为琐碎的事情生气，要求大同存小异，不要计较眼前利益，在工作上抓大放小。做工作和做人一样，吃小亏得大便宜。有这样的心理，做工作就很愉快，就能把工作当成一种享受，就能保持工作热情，从而获得事业成功。

有一位张女士，她给人的第一感觉就是她很快乐。她说：作为零售管理者，行业之间竞争越来越大，企业对自身的要求也越来越高，面临的压力也更大。在这种情况下，保持一种不断进取、不甘落后的信念和积极向上、年轻化的心态就显得特别重要。

张女士说，工作生活不可能永远是一帆风顺的，许多不如意的事情随时都可能会出现。但无论你今天的心情如何，你都不能因此而影响你的工作，在工作中要尽量创造条件让自己快乐，让工作快乐，从而保持高昂的工作热情。作为管理人员，要协调好上下各级的关系，带领好自己的团队，形成团结和谐的工作氛围和环境。人在愉快轻松的环境中，热情和效率都会很高。

张女士在工作中一直注重自身综合素质的培养。她认为职业女性的不断充电对于保持工作热情有很大帮助。她在工作之余，除了积极参加企业的各种培训之外，还经常看一些营销学、管理学、人际关系处理等方面的书籍，学习有助于以后的发展，会使自己有一种奋发的动力，从而保持了工作热情。

对于参加工作时间稍长一些的女人来说，千万别因为已经工作了好几年就觉得自己老了，否则，容易使自己人还未老，心已老。平时，多和新来的年轻人沟通交流，感染他们对工作生活的积极热情的态度。给自己定下一个近期的、容易实现的而不是不切实际的目标，激发自己的不服输精神。

对于女人来说，家庭的幸福与否会直接影响工作的好坏。职业女性既要打理家庭，还要拼搏于职场。正确处理工作和家庭的关系会免去后顾之忧，从而热情面对工作。

在家里，同样要保持热情。让家庭弥漫着欢声笑语，每天就能够保持这份充足的精力和愉快的心情上班，工作不再是一种负担，热情自然就有了。

有些时候，要像森女那样学会该松手时就松手，人没有必要活得太累。快乐是最重要的。身心愉快了，做什么事情都会有精力和热情，也就不用担心产生"工作疲乏"了。有时同事之间，朋友之间，多多谦让一点，大家的关系融洽了，也就给大家创造了一个和谐的工作氛围。保持一种平和的心境，爱岗敬业，也不用担心热情消失了。

刘女士每天都是快乐热情地工作着，她说她的很大的一个动力就是要给孩子树立一个好榜样。她认为父母对孩子的影响是在平时的潜移默化中。如果在工作上遇到了不如意，她也绝不会把烦恼带回家中，因为那样会使得家人不开心，自己就更不开心，产生了恶性循环。还不如自己好好调节一下，尽早恢复过来，保持工作的热情和快乐。

刘女士认为，保持工作的热情除了自身的努力外，工作环境也是至关重要的。她当初选择单位时就很看重公司的工作环境。她曾经建议公司的工会组织在职工中倡导"快乐地工作"，受到公司上下一致好评。公司里职员之间的关系都很融洽，相互关心鼓励，就像一个大家庭，没有钩心斗角，没有利益争斗，工作对大家来说也是一种享受了。所以要保持工作热情就很容易，这也需要每个人的努力。

学做森女，就要保持良好的工作状态和较高的工作热情，随时调节好自己的心情，处理好偶尔的热情落差并享受工作中的种种乐趣。

明确目标，学着享受工作的乐趣吧！

03 有乐趣的工作才是好工作

有些女孩不单拥有漂亮的外表，还拥有非凡的心志。尤其森女，她们懂得不能将自己的经济大权拱手交给男人，这样她们会失去更多经济以外的权利。因此，在爱情之外，她们会全心全意地投入工作。于是，拥有自己的生存能力，这已经成为大部分森女工作的直接动力。

然而，不是所有的女孩都可以做女强人，大部分的女孩子都无法在事业和家庭之间做到游刃有余。工作、家庭让她们疲惫不堪，当女孩觉得有些无能为力时，便会抱怨男人和女人的不公平，抱怨自己活得太累，以至什么都不想干。

大多数女孩的确比男人多承担一份家庭的工作，但这并不是导致女孩们在工作上疲惫不堪的直接原因。

首先我们要像森女那样了解自己工作的目的是什么。

（1）为了保持经济独立

这样的女孩应当占大多数，通常她们认为自己是独立于男人之外的个体，不应当依赖男人，经济上的独立更是重中之重。于是她们为自己寻找工作、建立事业，目的就是不能被男人看扁，不能只因为需要男人为她们支付各种账单就在男人面前失去自我。

（2）为了生活的需要

这种情况也不占少数，现代社会的复杂多变，人们对于多变的物质生活和精神生活的要求颇高，为了满足各种各样的生活的需要，或者是为了让自己和家人生活得更好，一些男人如果不能达到要求，女孩子就要为了自己或家人共同的目的而打拼。

（3）打发时间

很多女孩并不缺钱，也不会觉得男人为她们支付账单是一件难办的事，但她们总不能每天闲着待在家里，或者仅仅是为了打发时间给自己找点儿事做，所以工作成了她们让生活变得充实一些的工具。她们不需要竞争职位，不需要为追求高收入而苦恼，因为工作对她们来说也是一种需要，而不是大多数人认为的只为获得报酬。

（4）为了兴趣

为了兴趣工作的女孩应该算是少数。这类女孩或是出于对这个职业的热爱，或是真正的希望能够有一番成就，她们不认为工作仅仅是付出劳动、获得报酬的过程，而是一种人生价值的体现，一种兴趣的发挥，所以她们会对工作乐此不疲。这就是森女对待工作的态度。

森女同一般的女孩有什么区别？从上面的分析可以看出，她们之间最明显的区别在于她们对待工作的态度。工作有很多种，但要找到自己真正感兴趣的才能够称其为事业，否则就算你干得再好，也只能算是个高级打工者。

而女孩会觉得工作和家庭的压力大，从而感到辛苦，也是因为她们没能找到自己真正感兴趣并将其定义为一项事业的工作。只有在工作中找到乐趣，才能够轻松享受工作而不是忍受工作。

一个化妆师会把每一副美丽面孔的"塑造"当做创造一件艺术品，唯有如此，他们所打造的装扮才能够真正体现人物的内心，并将其活化，使人与装扮融为一体；如果化妆师失去了对创造艺术的热爱，那么就算她的技巧再高超，也不过是将各种化妆品堆积在一张面孔上而已。

森女知道自己想要什么，只有在拥有了令她满意并被其吸引的工作时，她才会觉得快乐。在她们看来，一份有乐趣的工作才能够称之为真正意义上的好工作。

因为只有当你的工作变得有乐趣了，你的业余生活才会变得异常轻松。森女不会刻板地把工作当成一种苦差事，她们会选择自己钟情的职业，并且投身进去，并做出一定的成绩。这样的工作才会让森女体会到生活的乐趣，这也使得森女不会再为了琐碎的事而去平衡工作和生活。

男人是理性的，女人是感性的，所以我同意女孩们应该像森女那样，为了兴趣而工作。毕竟，对于绝大多数女孩子而言，养家糊口的重任还是承担在男人身上，既然自己的压力相对较小，为什么不能做自己喜欢的工作呢？逆来顺受，找到什么就干什么的习惯可不好。

只要做快乐的工作，你就能比同龄人看起来更年轻。

工作不仅仅是付出劳动，获得报酬的过程，而是一种人生价值的体现，一种兴趣的发挥，只要做快乐的工作，你就能比同龄人看起来更年轻。

04 没有卑微的工作，只有卑微的态度

森女从不认为工作也分"贵贱"，在她们眼中工作都是神圣的，如何对待自己的工作取决于自己的态度。

工作是没有贵贱之分的，所有正当合法的工作都是值得尊敬的。所以，不管你在做什么工作，都应该珍惜，要脚踏实地地去工作，而不是好高骛远，总想一步登天。即使是平凡的岗位，也依然藏着极大的机会，只要你肯脚踏实地去做，就一定能成就自己的梦想。

日本前女邮政大臣野田圣子，她的第一份工作是清洗厕所，当时正值青春年少。可是，她并没有瞧不起这份看似"低贱"的简单工作。虽然她也痛苦过、失落过、退却过，但一番激烈的自我较量之后，她找回了自信："就算一辈子清洗厕所，自己也会是一名最出色的清洗工！"

她不断地激励自己，给自己加油，并给自己制定了严格的工作标准：让马桶"光洁如新"。其标准是：让马桶中的水达到可饮用的程度。她多次饮过厕水，为了检验自己的工作达标，为了强化自己的事业心。正是这种自我激励，自己为自己喝彩，使她成为了幸运的成功者。

一位父亲带儿子去参观凡·高故居，看过那张小木床及裂烂的皮鞋之后，儿子问："爸爸，凡·高不是位百万富翁吗？"父亲答："凡·高是位连妻子都没娶上的穷人。"

后来，父亲又带儿子去参观安徒生故居，儿子又困惑地问："爸爸，安徒生不是生活在皇宫里吗？"父亲答："安徒生是鞋匠的儿子，

他就生活在这栋阁楼里。"

这位父亲是个水手，每年来往于大西洋各港口。他的儿子叫伊尔·布拉格，是美国历史上第一位获普利策奖的黑人记者。20年后，在回忆童年时，布拉格说："那时我家很穷，父母都靠出卖苦力为生。有很长一段时间，我一直认为，像我们这样地位卑微的黑人，是不可能有什么出息的。好在父亲让我认识了凡·高和安徒生，他们告诉我，上帝没有这个意思。"

是的，上帝从没有区分工作的高低，所以，在平凡的工作中，你也可以实现自己的人生价值。

凡事想一蹴而就，用一朝的努力便获得真本事，这是幻想，是根本行不通的。在职场上我们常常钦佩和羡慕那些有真本领的同事或是上司，真本领都是通过持之以恒的努力换来的。所以，如果你也想拥有过人的智慧、出众的才华和超人的本领，就只能通过持之以恒的努力换取，除此之外是没有捷径可走的。

瞧不起自己工作的人，实际上是人生的懦夫。与轻松体面的工作相比，商业和服务业需要付出更艰辛的劳动，需要更实际的能力。当人不想接受挑战时，总会找出许许多多的借口，久而久之便害怕起工作来。

有些人工作积极认真，用自己的天赋来创造美好的事物，为社会做出了贡献；而有的人工作消极怠慢，他们没有生活目标，徒有聪明的天资，到头来终憾一生。有个很经典的故事，可以说明这一点。

据说，有两个青年一同去找工作，一个是英国人，一个是犹太人。恰巧，地上有枚硬币，英国青年看也不看地迈步而过，犹太青年却激动地捡起了它。

英国青年鄙夷犹太青年的举动："一枚硬币也捡，真没出息！"犹太青年望着远去的英国青年，心生感慨："让钱白白地从身边溜走，真没出息！"

两人同时受聘于一家公司。公司规模不大，工作比较累，工资也不高，英国青年承受不了，不久就辞职了，而犹太青年却高兴地留了下来。

两年后，两人又在街上相遇，此时犹太青年已成了老板，而英国青年还在寻找工作。英国青年对此不理解，说："你这么没出息的人，怎么'发'得这么快?"

犹太青年一语破的:"因为我没有像你那样,绅士般地从一枚硬币上迈过!你连一枚硬币都不要,怎么会发大财呢?"

很多时候我们这些小人物看到的都是大人物创造的大事业。但是,你也要知道,这些大人物也曾经是小人物,他们的大事业也曾经是些小事业。那么他们成功的秘诀是什么呢?那就是勤奋做事,诚实做人,一步一个脚印,做好小人物成就大人物,做好了小事业也就成就了大事业。所以,不要再抱怨工作的"卑微",踏踏实实地去做事,相信你也会迎来你事业的辉煌!

工作都是神圣的,如何对待自己的工作取决于自己对工作的态度,那些瞧不起自己工作的人,实际上是人生的弱者。

工作不分"贵贱",没有卑微的工作,只有卑微的态度。

05 加班可以，但要让我心甘情愿

工作对于那些并没有事业心的女孩来说，简直是一件痛苦的事，以至于每次到了周末要放假的时候，每个人的脸上都会洋溢着"解放了"的表情。

上班的感觉尚且如此，何况是加班呢，自然是更加让人深恶痛绝。但是迫于职场压力，很多人对于加班总是无能为力，如果老板提出要加班，哪个员工敢明目张胆地拒绝呢？

森女 Minnie 最近因为加班的事成为老板的"心头大患"。

由于公司的效益好，业务量也猛增上来，不用说，公司每个人都成了加班的牺牲品，作为公司业务骨干的 Minnie 又怎能躲得了呢。

虽然大家怨声载道，但这毕竟是老板的指令，如果以后还想在这家公司工作，得罪老板可不是什么好的选择。

只有 Minnie 的表现让老板颇为头疼。Minnie 并没有反对加班，但自从这段时间的加班开始后，她的精神状态就十分低下，每天的工作精神全无，还经常出一些小差错，要知道这样的事在 Minnie 身上是绝不可能发生的啊！

虽然忙得团团转，老板还是抽出时间同 Minnie 谈谈。

"我也不知道，大概是每天工作的时间太长了吧，这些天我一回到家就吃晚饭、睡觉，可还是觉得精神不起来，总觉得筋疲力尽的。"

Minnie 不好意思地向老板解释："没关系，等熬过这一段再好好

203

休息就是了！谢谢老板的关心！"Minnie 无力地笑了笑。

这样一来，老板心里明白了，都是加班惹的祸，怪不得最近大家的办事效率都不如从前了呢。

从那儿以后，加班的次数便开始逐渐减少了。

Minnie 哪有那么不堪一击，不过是加几天班而已，怎么会搞得筋疲力尽呢！她不过是跟老板演了一出戏。要我加班，除非是我发自己内心的想要加班，否则就别想！

森女"恶魔"法则

在加班面前耍些小伎俩是未尝不可的，但这样的情况要建立在你能够按时完成自己工作的前提下。森女选择成为"不加班一族"，绝不让任何工作上的压力影响工作以外的休闲，这就意味着她们要掌握和管理好自己的时间，并且能够有效率地在规定的工作时间内完成所有的事。

下面是一些提高效率的秘诀，这些是森女能够自由选择是否加班的重要保障。

（1）绝不加班

提高效率的目的就是为了不加班。所有的工作都在上班时间内完成，不管事情大小，"恶魔"女孩只要效率。她们会不断寻找最有效率的工作方式，以达到她们坚决不加班的野心。

（2）自我管理

给自己订立一些规矩，比如在几点之前一定要到达工作地点，每个星期要完成什么样的工作。这样的规矩帮助"恶魔"女孩理清自己要做些什么，即使在外界没有压力的状况下，他们也知道应当怎样发挥效率的作用。

（3）分清事务的重要性

办公桌上永远有处理不完的文件，而一个公司里也总是有干不完的事，所以，如果你只是根据下达工作的先后顺序逐一去做的话，几乎没有完成的时候，每一天每一时刻，你将都是忙碌的。但事情是不是都那么急急忙忙呢？当然不是，根据80/20法则，那些能够产生80%能量的通常只是那20%的重点工作，所以区分什么是重点工作并用主要的时间完成它，这才是提高效率的真谛。

森女的口号是：绝不让任何工作上的压力影响工作以外的休闲。

06 森女的字典里没有"不可能"

森女所以成为职场"百变大咖",靠的是一种不服输的态度,和把"不可能"变成"可能"的决心和勇气。

如果你是那种在工作中受到挫折就认输的女孩,最好改变你的思维方式。因为这种懦弱、犹豫、害怕承担责任、不思进取、不敢拼搏的心理意识会渐渐地捆绑住你,让你陷在自我编织的套子里无力自拔,久而久之,你就失去了创造的热情。你的存在感越来越弱,你的气场越来越小,大家都会觉得你是个靠不住的人,不再把重要的工作派给你,你得到锻炼的机会也就越来越少。这是一个恶性循环。这种循环会让你毫无森女的气场可言,甚至会让你像一个好像随时都准备等着挨骂然后钻入地缝的女仆。

森女从来不怀疑自己的能力,因为森女的字典里没有"不可能"这三个字。相反,如果想要做森女,就要不断地告诉自己"Nothing is impossible"。心理暗示是一种相当奇妙的力量。总给自己积极暗示的女孩,会不自觉地散发出阳光般的气场,让人觉得你是个可靠的、负责任的伙伴。相反,总是说着"不可能""我干不来"的女孩,那种灰色的气场会让人避之不及。

50多年前,34岁的费罗伦丝·柯德威克打算创造一项新的世界纪录,因为之前她是第一位成功游过英吉利海峡的女性,而这项新的世界纪录与此有关,就是从太平洋游向加州海岸,如果成功,她就是第一个游过这个海峡的女性。

结果是，她在大雾天气和冰冷的海水中坚持了15个钟头后放弃了，尽管坐在船上的母亲和教练一再示意她离海岸很近了，她还是放弃了。事实上，拉她上船的地点，离加州海岸只有半英里！

事后，沮丧的费罗伦丝·柯德威克说："真正令我半途而废的不是疲劳，也不是寒冷，而是我给自己的暗示——那绝对是不可能的。"不过，柯德威克女士一生中就只有这一次没有坚持到底。两个月之后，她成功地游过了这个海峡。

当你要决定做什么的时候，是不是也有过类似于这样的犹豫？比如，我已经不年轻了，还能出国吗？我功课不够好，怎么能考上名牌大学？我不够漂亮可爱，他会喜欢我吗？结果是，由于你的"自我设限"，导致身体内无穷的潜能和激情没有发挥出来。你总是在说，那是不可能的！这样做的后果就是让你流于平庸，永远无法达到新的高度。

而事实是，不管你记不记得，在你身上还拥有凝聚着巨大能量的"小宇宙"。那个代表个人潜能的"小宇宙"是切实存在于每个人生命中的。每一个人都有潜在的力量与能量。科学研究也表明，一位普通人只要发挥体内50%的潜能，就可以掌握40多种语言，可以背诵整部百科全书，可以获得12个博士学位。大多数人之所以没有取得任何成就，不是因为他们没有能力，而是因为内心的自我设限与自我暗示造成的。

自我设限就如同形影不离的杀手一样，当你想释放你的潜能时，它便出来大喝一声，让你退缩。每件事都不能发挥到极致，这样累积起来，你成功的概率就会越来越小。别人用1年达到的水平，你就需要5年。自我设限对你来说不是提高成功率，恰恰相反，对你来说，它是一块顽石，阻碍你前进。

当你又一次想说出"这是不可能的，我不行"的时候，不妨像爱丽丝那样，数一数这六件不可能的事吧。"第一，能让你缩小的饮料。第二，能让你长高的蛋糕。第三，会说话的动物。第四，会消失的猫。第五，有个地方叫仙境。第六，我能杀掉炸脖龙。"相信了这六件不可能的事，让爱丽丝从一个害羞、过分注重自身感受的小姑娘变成一个自信而且意志力强大的女孩。你也可以成为人生历险记中的女王，只要你相信"Nothing is impossible"。

森女的字典里没有"不可能"这三个字。

07 低调、低调、再低调

森女懂得在职场上越聪明的人越要谦虚。因为你还未开口，别人就已经把你当成了假想敌，如果这时你再处处锋芒毕露，往往首先受到伤害的就是自己。

小鹤很敬业，工作上手也快，经理时常表扬她。但不少同事看她不顺眼，因为她对同事经常爱答不理。只要她一不小心做错了事，同事们就会说："小鹤，这种错误你也会犯？"小鹤觉得自己能力强，讨经理欢心，就越发不理同事，经常摆出难看的脸色给同事看。她的脸色难看，同事的脸色自然也好看不了，他们的关系就像橡皮筋，过一段时间就绷紧。虽然最后还是会弹回去，但谁都知道，橡皮筋的弹性是有限度的，小鹤与同事的关系越来越紧张。

小鹤的业绩一直是同事中最突出的，经理也有意提拔她。但是，当他向下属们询问对小鹤的评价时，大家要么闪烁其词，要么沉默不语。

最后，同事们达成的共识是：他们不会接受这位冷美人和独行侠来当"领头羊"，因为在她手下做事，肯定会有一种如芒在背的感觉。

经理没有想到业绩这么出色的小鹤人缘竟然这么差，最终，他只好打消了提拔小鹤的想法。虽然经理很器重她，但是他也不得不考虑大部分人的意见，经理向小鹤暗示了她晋升失败的原因。

职场上能力很重要，但是人际关系在成功中的比例占到了85%，除非你一辈子从事单个项目，从事专业的技术性工作，只有这种工作不需要团队的配合，也只有这样的工作才适合这些人际关系有障碍的人。

但是，热爱集体的森女怎么可能愿意做这样的"独行侠"呢？

其实，小鹤的做法就是没能低调做人的典型表现，女孩，在职场，即使你满腔豪情、雄心壮志，也不要急着在短时间之内消耗殆尽。应该低调一点，与同事搞好关系，这样既能表现你的团队意识，又能表明你的宽容与大度，何乐而不为呢？厚积薄发很多时候都是一种很好的生存法则，不要认为这是进取心和激情的退化。没有团队意识，很多事情做起来就会有牵绊，这样离真正意义上的成功就会越来越远。

还有一种低调，是爱美的女孩们尤其要注意的，那就是装束和化妆上的低调。

倩倩通过了各种笔试和面试，终于进入一家事业单位工作。她为了适应事业单位的工作氛围，特地把自己从头到脚包装了一遍，为的就是能顺利通过单位的试用期。她穿得特"职业"，还剪了干练的齐耳短发，这个平时被朋友喊成"疯丫头"的倩倩，终于得到了人事部经理的赞许。人事部经理对她说："现在的职员应该知道怎么化妆，尤其是有机会面对外商时，更应该重视化妆，不然外商会觉得你不尊重他。"

倩倩表面上毕恭毕敬地听着，但是心里却笑得差点儿背过气去，她觉得经理唠叨。人事部经理一说完，她就把随身携带的皮包放到了办公桌上。经理好奇这个小女孩皮包里的东西，倩倩就打开了。这一看，把人事部经理的眼睛都看直了，那皮包根本就是一个迷你化妆箱，里面闪闪亮亮的眼影、唇彩璀璨无比，那些是她准备下班后和朋友去酒吧疯玩要用的东西。

人事部经理愣了一下，然后就借故走开了。三个月后，倩倩没有通过试用期。

女孩子都爱美，想把自己打扮得花枝招展的，这本身没错，但是要分清场合。工作环境是正式场合，什么样的场合就要穿什么样的着装。装束最能体现你的品位和习惯，化妆更是如此。你从事什么工作，与你的工作相符的装束是哪一种，都会有或明确或隐性的规定。职场女孩千万不要任性，以致穿错服装、化错妆，比如，国企、事业单位相对比较保守，而彩妆就太扎眼，让保守人士无法接受，所以在着装上，女孩也要低调点。如果第一天穿得不得体，第二天就要马上补救过来，这样的人才是聪明人。

女孩，在职场上，不管是与同事、上司相处，还是在职场仪表上，都应该像森女学习低调的艺术。因为低调是你事业起步的保护色，也是你厚积薄发的基础。低调做人，低调做事，你定会获益无穷。

低调做人，低调做事，你定会获益无穷。

08 森女也抱团

在职场，同事之间的关系十分微妙，在利益上是竞争的关系，工作上更多的是合作关系。故而处理好与同事的关系非常重要，既不能相互冒犯，也不能相互拆台，更不能只顾自己、不顾他人。

森女知道，只有和同事之间合作才能共赢。没有了合作，只能两败俱伤。所以，同事之间最好的相处方式就是在竞争之中合作，而不是独自打拼甚至相互拆台。

有这样一个故事。

一位商人带着很多货物过沙漠。商人把货物分别放在了一头驴和一匹马的背上，就开始了在沙漠中穿走。驴对马说："我都快累死了，你能分担一点我的负担吗？"马不理睬驴的请求，继续向前走。结果，驴被累死了，主人便把驴身上的货物都搬到马身上。

在这个故事中，马的教训说明了合作的重要性。如果当初马帮助驴，那么就不必负担全部重压了。同事之间一定要合作，才能让自己发展壮大，不然，最终倒霉的还是自己。

很多时候，帮助别人就等于是帮助自己，不妨再看一个故事。

有一位长者，见到两个饥饿的人，于是心生怜悯，恩赐他们两样东西：一根鱼竿和一篓鲜活硕大的鱼。老者离去了。两个人分了老者的恩赐，其中，一个人要了一篓鱼，另一个要了一根鱼竿，他们就各走各路了，成了不相干的路人。

其中，得到一篓鱼的人，就在原地用干柴燃火，把鱼煮好后，他甚至都没有仔细品味鱼肉的鲜美就风卷残云一般连鱼带汤吃了个精光。没过多长时间，他竟然在空鱼篓旁饿死了。

另外一个人，则是继续忍受饥饿，提着鱼竿一步步艰难地走向海边，但是，在他走到海边，看到辽阔的大海的时候，他已经用尽了最后一点力气，只能带着无尽的遗憾离开人世。

没多久，老者又遇到了两个饥饿的人，产生怜悯之心，于是，赠与这两个人一根鱼竿和一篓鱼，然后飘然离去。

这两个人决定一起去寻找大海。两个人每次只煮一条鱼，然后分吃。经过长时间跋涉，终于到了海边。从此，两人就告别了饥饿的生活，开始了以捕鱼为生的日子。没过几年，他们拥有了自己的房子，成立了各自的家庭，有了自己的子女，还有了各自的渔船，两家人都在幸福安康地生活着。

一样的处境，一样的恩赐，却是不一样的结果。从这个故事中，我们可以看到：不懂得合作的两个饥饿者最后连生命都不能保住；而懂得合作的两个饥饿者，不仅生存了下来，而且还过上了幸福的生活。

由此可见，学会与他人合作是非常重要的。

与同事相处，更应该懂得合作。不管对方是不是容易相处，不管对方的性格是好还是坏，既然是同事，总是难免要共事的。所以，哪怕同事是自己的竞争对手，也要想办法与他达成默契，互为后盾，相互支持。

只要你做到了以下几点，不仅能实现"双赢"，还可实现"多赢"，全方位的"赢"。在共赢局面下，同事关系自然能进一步融洽。

（1）遇事多商量

工作总会遇到许多需要相互协同完成的事，这时，不要自作主张，而要多和同事商量，以取得她们在实施行动中的配合。如常说："这件事，你们看怎么办才好？""大家看这样做行不行？"以确定今后的行动不使他人为难。遇事常与同事商量，不自傲，不自卑，学会尊重，达成工作中的协作。

（2）谦虚坦诚

身为同事，地位相等，谈话中就切不可表现出高人一等的样子。如不同意别人的意见，可阐述自己的理由，正面论述，切不可语带讥讽，好为人师。如有人常说："真奇怪，你怎么会有这么无聊的想法"，"你好好听着，这件事应该这样去做！"这样的话语常表达出对他人的智商的怀疑与讥讽，会伤害他人感情，难以赢得合作。

（3）当面交换意见，消除误解

同事间随时可能产生矛盾或意见相左。这时，应当面把自己的意见说出，以谋求相互的了解和协作，不可背后散布消息，相互攻讦。在当面交谈时，语调要平和，用词切记不可尖刻，就事论事，不翻旧账，不做人身攻击。当面交换意见，这有利于相互了解。

（4）平时尽可能多交谈，联络感情

人与人的交谈，有时候是一种礼貌地表示，不见得有什么重要的事情要商量，有什么意见要交换。这时，可以用平常而无害的话题来联络感情。如谈谈最近的气候，谈谈旅游，谈谈市场菜价等。这些话题不直接指向某人，不触及"雷区"，一般来说，礼貌性的闲聊是适宜的话题。

俗话说："一个巴掌拍不响，两个巴掌响遍天"。帮助别人就是帮助自己，只有学会和别人合作才是学会了如何做人。正如《易经》所说："二人同心，其利断金。"一个人很渺小，多人合作就会产生巨大的效应，更容易取得成功。

总之，每个人能力有限，人与人之间只有通过相互合作才能做得更好。只有像森女那样学会抱团，才等于是找到了打开成功之门的钥匙。这就是人们常说的："小合作有小成就，大合作有大成就，不合作就很难有成就。"

每个人能力有限，人与人之间只有通过相互合作才能做得更好。

09　森女，不做职场"过劳模"

　　最近工作一直不顺，总是出错，经常要熬夜，饮食生活的秩序被打乱，睡眠、休息状况大打折扣，常常感到疲惫，如果有这些情况说明您处在职场的"过劳"状态。

　　严峻的就业形势不仅在影响着尚未就业的人们，同时也在影响着正在就业的人们，人们不知道什么时候自己就遭淘汰。许多人最担心的不是钱不够花，而是什么时候这个工作没了。在这种重压下，不少白领加入了"过劳模"的行列，不断地挑战着生理和心理上的极限。

　　28岁的小杨是某私企部门主管，干得好好的，她最近却决定辞职，因为她感到太累了：每天早上7点就要出门，晚上11点以后才能回家，周末只有一天，每周都这样，招架不住。工作压力太大。无病无灾还好一点，要是身体不好，在这么大的压力下，谁会不生病呢？

　　一天工作8小时对于职场的白领们来说成了明日黄花，一天工作十几个小时、加班加点熬通宵、牺牲节假日和双休日在办公室工作，成了白领们的家常便饭。如影随形的则是各种各样年轻化的疾病袭来，给自己也给家人带来痛苦。

　　由中华医院管理学会医疗卫生技术应用管理专业委员会等机构发起的"健康透支十大行业"社会调查结果出炉。这十大行业依次为：IT、企业高管、媒体记者、证券、保险、出租车司机、交警、销售、律师、教师。

　　调查发现，精神压力过大，生活节奏过快，饮食和生活不规律，是这十大行业的人群严重透支健康的主要原因。

工作压力大、生活负担重、精神包袱沉等因素往往使许多人选择过度透支生命，从而使身体潜藏的疾病急速恶化，造成救治不及而丧命。很多人或是为了买车供房，或是为了送子女出国留学，或是希望在事业上有所建树，将时间无止境地花在熬夜、加班、陪客户吃饭上，不知不觉中休息时间被一次次压缩，人就像一台机器一样不停地运转，直到病倒的一天才意识到问题的严重性。

造成过劳死的主要原因是工作时间过长、劳动强度加重使人处于精疲力竭的亚健康状态，这往往是因为很多人主动休息的时间减少；另一方面，长时间在高压下工作，无暇锻炼，久而久之，高血脂、高血压等原来以为是老年患者的疾病有了年轻化的趋势。并且长时间坐在办公室的女孩则常有颈部僵直、两肩发麻、精神萎靡不振的症状。所以现代职场女性在赚钱的同时，务必注意身体的健康。

然而在办公室里，当各路白领都为了业绩疲于奔命时，森女却驰骋于硝烟弥漫的职场游刃有余，仿佛再多的工作量都能一笑拿下，好像有用不完的精力，总是不满足现状，像八爪鱼一样渴望到更多的领域发展，投入战斗。

这是因为森女养成每天把要做的工作排列出来的习惯以明确目标。

工作按紧急重要程度排列，要记住紧急的事不一定重要，真正重要且紧急的事，在前面标上 A，将紧急但不重要的和重要的但不紧要的权衡一下分别标上 B 和 C，最后将一些既不紧急也不重要的工作标上，完成工作最快捷的方法就是一件一件地去完成。

将你可以委托别人做的事情划分出来，尽量委托给别人去做，省出更多时间。但原则是让合适的人完成合适的任务，实行项目负责制，这样你就有一项任务只由一个人来完全负责，并执行到底，除非有不可控的意外状况发生。

提高效率的一项重要原则就是，利用最有效的时间，集中精力，完成最重要的事情。"苛求完美"有时候可能成为我们提高工作效率的大敌，而学会取舍和善于分配时间将大大增强我们的实用功力。

面对多如牛毛的事务，相比精力和时间显得如此的宝贵和有限。要想把每一件事都做好几乎是不可能的，也是不现实的。也正是因此，森女都是说"不"的高手。这绝不是所谓的畏难情绪，或是什么消极的做法。这恰恰是"有所为有所不为"在现实工作中的灵活运用，是保证任务高效完成的必要方法。

提高效率的一项重要原则就是，利用最有效的时间，集中精力，完成最重要的事情。"苛求完美"有时候可能成为我们提高工作效率的大敌，而学会取舍和善于分配时间将大大增强我们的实用功力。

绝不把时间无止境地花在熬夜、加班、陪客户吃饭上，坚决不做职场"过劳模"。

10　森女的办公室生存法则

长得漂亮不是你的错，漂亮的人往往是遭人嫉妒的，即使有所成绩也会被人认为得之不当。如何在好色男人和妒忌女人中游刃有余地生存，森女们出招了。

办公室自从来了一个刚从高校毕业的漂亮女孩以后，就一改往日的平静，成了沸腾的漩涡……

男同胞们无论上班还是下班，都主动报名为女孩服务，以获取佳人好感，就连经理也乐颠颠地加入了这群光棍的行列，在工作上对女孩百般照顾："新人嘛，一开始不能要求太高。"不但引起了男同胞们的嫉恨，也引来了女同胞们无数的白眼。

"就她是新人，别人就不是新人，看把她给宠的，都不知道天高地厚了。"女同胞们聚在一起的时候大多都在抱怨老板的偏心："我刚进公司的时候，他隔三差五地说我这不对那不好的，火气大了还吼人，真是不公平，不就有一张漂亮脸蛋吗。"

而女孩呢，就像是漩涡里的一片叶子，在两股冷热气流中间找不到安宁。"这事能怪我吗？难道长得漂亮也是错吗？我到底得罪了谁？"女孩千百回问着自己，始终没有理出头绪来……

作为一个办公室美女，你该如何与同事相处？不妨来看看森女是如何处理这类事件的，或许对你会有所帮助。

（1）对待殷勤，淡然处之

女同胞的妒忌之火因你的美貌而燃起，女同胞的疏远因你的美貌而产生。尤其是男同胞对你百般殷勤，更造成其他女同胞心理上的巨大落差，你就像处在一个十字路口，不知路在何方。

在这个时候，你的头脑更要冷静，越是受到男士的欢迎越不能目中无人。有人说，女孩因可爱才美丽，而不是因美丽而可爱。当大家把目光都聚焦在你的容貌上时，抓住机会，也让大家见识一下你的涵养与能力。

（2）对待疏远，真诚取胜

小玉在读书的时候是大学里出名的校花，到了工作岗位也不乏众多追求者，因此，引来了不少女同事的羡慕和嫉妒。在一次公司会议上，上司对小玉的工作大加赞赏，并要求大家向小玉多多学习，提高自身的业务能力。而小玉发言时说道："这次工作圆满完成，除了我个人的努力之外，最主要还是靠大家齐心协力，共同实现的。不少前辈还在工作中给予我许多建议和帮助，和他们相比，我还相差很远，要继续学习的东西还有很多。"

简短的几句话获得了大家雷鸣般的掌声，从此小玉在众人眼里由开始的"花瓶"逐渐转变为了"才女"。

所以，当你面对办公室女同事的疏远时，不要退缩，拿出你的真诚，在她们面前用稳重和谦恭慢慢收复你的失地。

（3）对待工作，全力以赴

美女如果没有能力，很容易和"花瓶"联系在一起。要改变同事观念里你是花瓶的看法，那么途径只有一个——让工作来说话。再没有什么比事实更具有说服力的了，当你把布置的每一项任务都出色地完成时，你的艰辛和汗水自然堵住那些说闲言碎语的嘴巴。

此外，这些事情你千万不要做：

（1）"办公室讨厌虫"第一号 撒谎者

工作间里一些小打小闹式的玩笑无伤大雅，但要警惕它们发展成为令人望而生畏的闲话乃至伤人的谣言。很多不懂得三思而后语的人无意中成了各种流言的推波助澜者。

我的一名记者同僚总是有事没事到我桌前大谈特谈编辑主任的性丑闻，你想，那么敏感的场所，那么敏感的话题，真叫我不知如何是好。

如果你极其热衷于传播一些低级趣味的流言，至少你不要指望旁人同样热衷于倾听。那些道不同不足与谋的同事迟早会对你避之唯恐不及。即使你凭借各种小道消息一时成为茶水房里的红人，但对一个口无遮拦的饶舌者，永远没有人会待之以真心。

拯救方案：学会守口如瓶，尤其在一些与同事私生活有关的话题上。记住，滴水可以穿石，在关键时刻你必定会意识到同事们的信任是多么的宝贵。

（2）"办公室讨厌虫"第二号 播毒者

牢骚满腹，怒气冲天，这些就是播毒者们最显著的特征。尽管偶尔一些推心置腹的诉苦能多少构筑出一种办公室友情的假象，但绵绵不休的抱怨会让身边的人苦不堪言——你把自己的苦闷克隆了一份，在无意识中强加给了无辜者。

和我同一部门的一名项目经理只要一出现在办公室里，我们就无法逃脱那长达数小时的心理折磨。明明是些和自己无关的事情，可在她持续不断的连番轰炸之下，我们不得不想尽办法摆脱她那极具传染力的消极情绪。

也许你把诉苦看作开诚布公的一种方式，但诉苦诉到尽头便会升华成愤怒。人们会奇怪既然你对现状如此不满，为何不干脆换个环境，远走高飞。

拯救方案：心中何必恨比天高！你也须牢记一句箴言：沉默是金。如果你已经给人造成了一个"办公室讨厌虫"的印象，不管你说些什么都很难得到同事们的任何回应。今后如果再有满腹的牢骚等待发泄，不妨试着把所有的不快诉诸文字，以 E - mail 形式发给一位并无工作关系的亲朋好友，她自会替你解难分忧。这样做最主要的好处是，你满腔的怨怒已在不知不觉中以最低调的方式得到了痛快的宣泄。

（3）"办公室讨厌虫"第三号 乞怜者

每当旁人问及你的近况，你可会习惯性地回答：不太好。是这样的，你听我说——把生活中的创伤和痛苦作为谈资，是否真能使你从中得到缓释？请注意：一个可怜的人通常也会是一个孤独的人，因为没有人愿意和心理上的弱者交往。

坐我旁边的一名女同事腿上有块地方蜕了皮，我可不敢问她怎么回事，我知道只要开口一问，她准会从交通状况谈到个人医疗保险，没半小时完不了。

相信你的初衷并不是想要得到旁人的同情，因为同情和尊敬在某些事情上是不能兼容的，很难两全其美。再说，如果旁人觉得你连自己的生活都处理得一团糟，工作能力又能好到哪里去呢？

拯救方案：把你那些悲伤的故事收起来，祥林嫂在旧社会尚还不受欢迎，何况现在？与其倒自己的苦水，不如关切同事们的近况，对他们的困难及时提供力所能及的帮助。

（4）"办公室讨厌虫"第四号 攀贵者

这号人不太注重与下级甚至同级同事的交往，时时在伺机捕捉任何一个能趋炎附势，令自己一步登天的机会。人往高处走，这是一种普遍心态，但倘若做得太过火，马屁精的绰号恐怕是逃不掉了。

我们部门几个同事一直都聚在同一张桌上共进工作午餐，除了一个叫美琪的，每次她总是孤傲地独坐一隅。有一天，公司的副总裁亲临餐厅和我们一起进餐，美琪眼尖，飞也似的挤到了我们的身边，一来想营造一个合群的好印象，二来有机会和副总裁套个近乎。恶心！

拯救方案：应该对所有同事一视同仁，包括那些从底层干起的办公室新人，对他们抱以真诚的尊重和欣赏。俗话说：真人不露相。你永远无法预知那些寂寂无闻的小人物背后一定就没有大人物撑腰，或是他们绝不会对大人物们产生影响。再说，如果老板感觉你处处树敌，这种印象对你毫无裨益，哪怕不喜欢你的人在公司里无足轻重。

纪茹，一位27岁的公关助理，就是通过惨痛的教训领悟到这一真理的。办公室里新来了一名在纪茹眼中极不称职的新同事，纪茹自然轻而远之，可是最后竟发现那人是总经理的侄女。"我怎么会想到她是老总安插在公司内部的线人呢！"纪茹后悔不已，她肯定没少说我坏话，要不我怎会在助理的位子上一待就是2年多！

（5）"办公室讨厌虫"第五号 搔首弄姿者

这号人的座右铭：酒香就怕巷子深。自恃小有姿色，会不失时机地在男同事面前充分施展女性魅力，不惜同时成为女同事们的笑料和眼中钉。公司新来了一名文员，腰圆腿粗，却喜欢穿迷你超短裙，她的下场自然好不到哪儿去，办公室里的女职员几乎没人理她。

即使你的狐媚行为的确吸引了部分男士，不要忘记其实更多的人根本无动于衷。我以前有个同事，特别喜欢用若隐若现的吊袜带吸引男人，可她根本不知道办公室里男男女女都把她当笑柄！

拯救方案：其实在公务的外壳下你完全能巧妙地展示感性迷人的一面，大可不必力求以颠倒众生的美人形象出现，这样容易东施效颦。只有当你和异性有着亲密关系时，向对方频频放电才合乎情理。一般情况下，同事们会断定一个仅依靠姿色取悦他人的人缺乏实际工作能力，而这种看法绝对能成为你事业发展的绊脚石。

和谐地与同事相处，做一个受人喜爱的女孩。

11 森女，办公室减压有妙招

在面对职场枯燥忙碌的生活时，古灵精怪的森女也不忘利用工作时间忙里偷一下闲，给自己减减压。不用花费太长的时间，却能收到很好的效果哦。

办公室里，电话铃声此起彼伏，领导斥责不绝于耳；自己面前，电脑速度慢得像蜗牛爬井，未批复的文件却堆积如山……身心状态像是即将爆炸的火药桶。朝九晚五的白领族可能会用工作忙、没有合适的锻炼方法来为无法健身开脱，但大家应该明白身体是革命的本钱，而时间就像海绵里的水。

现在，就向大家介绍森女的一分钟办公室瑜伽。八小时工作过程当中，当你开网页、接电话、复印文件甚至乘坐电梯的时候都可以做，足不出办公室，就能随时随地锻炼身心，轻松减压。办公室瑜伽看上去动作速度比较舒缓，节奏较慢，对柔韧性要求相对较高，但事实上瑜伽更强调呼吸的方法和让身体进入平静状态的诀窍。

（1）抛弃网页的折磨

情境：经历过这样的郁闷么？花五分钟的时间才打开电脑并注册，急等着上网，但是网页上的小球转啊转就是转不出想要的网页来，真是郁闷得不得了。趁着老板不在身后的当口，狠打电脑？与其和电脑发脾气还不如做两下办公室瑜伽。瑜伽做完心情好了，你要求的任务电脑也完成了。

动作：十指交叉放在脑后，用力挺直背部，深呼吸，怒火就在你的呼

223

吸里消融了。

（2）免听语音的啰唆

情境："你好，我是XX，我现在不在，请……"下次再听到这样啰唆的语音信箱，不要不耐烦地拼命跺脚，你明明知道这是无济于事的，不如全心全意地做一件事情可以少受折磨。

动作：坐直身体，在拿住电话的同时进行肩膀旋转运动，沿着向前、向上、向后、向下的方向，反复这个动作直到你能通话为止。

（3）反视自己并深呼吸

情境：其实有些声音是关不掉的，如乱响的手机、传呼机，沿街马路上轰鸣的车喇叭，开会时同事的大嗓门，你唯一能做的就是把自己从这些噪音压力中解救出来。

动作：坐直了，别弯腰，安静地呼吸，闭眼想象从头到脚打量你自己，就像第一次看到自己的情敌那样，从头开始，颈部、肩部、手臂，想象自己的眼光像激光，每到一个部位都注意呼吸，是顺畅，还是滞塞，或是略有不顺，记得不顺畅的部位，重来一次并加大呼吸的力度。

（4）"影帝"功夫

情境：去复印文件不见得是办公室里最机械或者耗体力的工作，但是你可以在机器自动工作的时候放松一下自己。

动作：等待的时候，双手放在复印机上，头部放低，弯腰，双腿分开站立，同时深呼吸。如果感到你的背部正在逐渐融化（当然是感觉啦），就表明你的姿势做对了。

（5）白鹤亮翅

情境：男生都喜欢这个动作，不过，帅归帅，做动作需要的场地可就大了，可能会吸引整个办公室的眼球，所以做之前选好时间地点。

动作：手臂分别向两侧伸展，手指笔直伸开，左脚跨出一步，膝盖向外侧弯曲，右腿保持笔直，同时右脚站稳，上身放松，保持呼吸，这个姿势保持一分钟左右，然后换腿重复。虽然会引起同事侧目，但是pose很酷，最主要的是，对恢复精神非常有用。

（6）电梯伸展

情境：每次电梯上下要一分钟，你一天要乘四次电梯，如果每次都利用起来，你一个礼拜就有20分钟的电梯时间可以做电梯瑜伽了。

动作：背靠电梯的一面，用手撑住这面墙壁保持平衡，抬起右腿盘在左腿上，想象旺盛的精力正在从你的左脚底升起，然后放松，呼吸，换腿重复。

在面对职场枯燥忙碌的生活时，千万别忘了利用工作时间忙里偷一下闲，给自己减压哦！

森女的工作观：顺其自然，随遇而安

01　绿色休闲，快乐生活每一天

森女认同这样一种观点：休闲并不等于没有节制的疯玩。完全放纵自己，最终要的是真正的从休闲中受益。她们喜欢绿色的休闲项目，比如打羽毛球、乒乓球、跳绳等，这些几乎不用投入什么成本，却能收到意想不到的健身效果，还能调节心情，提高生活情趣。

如今不少女孩为了增加财富积累，整日像机器一样疯狂地运转，很多娱乐休闲方式，她们从来没有享受过。虽然，有了更多的钱可能会使人生活得更自由，但是如果为了挣钱而使自己成为金钱的奴隶，失去生命的自由，那么即便挣再多的钱，你的生活也会失去光彩。还有些女性一年到头被家务围困着，被生活琐事搞得心烦意乱，从来没有想过怎样才能让自己过得更轻松。这样的生活不是有点悲哀吗？

其实，不管你是为了挣更多的钱而忙碌，还是为了生计不得不忙碌，你都可以通过各种娱乐和休闲活动，让自己"闲"下来，这并非只是有钱人才可以享受的活动，人人都可以选择适合自己的休闲方式，就是那些为事业而忙碌的成功人士也会懂得放慢生活的脚步，在娱乐和休闲中获取前进的动力。世界上最成功的女性之一居里夫人就把娱乐列为成功的重要因素之一，将娱乐休闲看做是生活不可或缺的组成部分，人们可以从中获得更多的显而易见的益处和更多的生命资本。

首先，娱乐休闲可以极大地调节人们的身心，对保持人体健康和愉快的心情是极为有益的。与其生病后花钱吃药或住院，不如通过各种娱乐休闲活动修身养性，心情好了，就不容易与医生、药物发生关系。

尤其是在快节奏的现今生活中，女孩们不管多忙都要为娱乐留出一定的时间，彻彻底底地放松自己，以消除身心的疲劳和对工作的厌倦，重获应付各种问题的更大能量，然后像一个新人一样，以清醒的头脑、诱人的魅力、充沛的精力和新的希望，愉快地开始新的生活。

娱乐休闲的方式多种多样，你不需要花费很多的钱办一张健身房的会员卡，不管打几折，那也会耗费你不少的金钱，选择一些绿色休闲项目，比如打羽毛球、乒乓球、跳绳等，几乎不用你投入资本，就能收到很好的健身和调节身心的效果。

在公司做销售的小莉每周五下班后都要和朋友到小区附近的公园大汗淋漓地打几场羽毛球，使每个关节都得到彻底的放松，以前上班总是无精打采的她，现在感觉头脑特别清醒，干什么都有精神了。

因为工作的需要，小莉有很多机会与客户、同事一起出去吃吃饭、唱唱歌，或者外出旅游。虽然钱没少花，但总是难以得到真正的放松，因为这种休闲方式并非是完全的娱乐，其中还要想着怎样与客户搞好长期关系，身心并不能完全得到放松。

的确，工作是工作，休闲是休闲，森女从来不会把休闲当成一种奢侈的享受，而是学会非常经济地休闲。她们懂得休闲并不等于没有节制的疯玩，完全放纵自己，最终要的是真正的从休闲中受益。森女比较喜欢的一种放松方式——阅读，就是一种很特别的娱乐休闲方式，与作者交流思想，在阅读中提升自己的能力，同时缓解生活的压力。

此外，聊天也是森女比较喜欢的一种休闲方式，大家聚在一起可以畅所欲言地交流思想，在闲聊中获取有用的信息，同时缓解生活的压力。

芳华是一家外企的财务主管，大学期间的许多同学都在同一个城市工作，前几个月班级组织毕业十周年聚会时，大家决定以后每两个月相聚一次，相互交流一下生活感受，畅谈新的打算，促进了解，增进友谊。通过聚会，芳华不仅获得了新的信息，而且很好地调节了工作和生活。晚上下班回家，在附近的公园跟周围的邻居一起跳跳舞，挥洒着汗水，舒缓着压力，在富有节奏感的动作中忘却了烦恼、忘却了疲倦，不仅可以增强心肺功能，还有助于健美减肥。

　　总之，娱乐休闲的方式是多种多样的。如果你没有太高的薪水，完全可以放弃去健身房或收费的游泳场馆、羽毛球场馆、歌厅。一些既经济又休闲的娱乐活动，几乎不用你投入什么成本就能体会到简单生活的乐趣。

　　　　　绿色的，才是最好的。我们要快乐生活每一天。

02　自己动手，打造自己的美好生活

"女人花，摇曳在红尘中，女人花，随风轻轻摆动，只盼望有一双温柔手，能抚慰我内心的寂寞…"

一曲动人的《女人花》，曾使多少女人听了都为之潸然泪下。很多女人都会轻轻吟唱。

有一个名叫谢倩的女人，最喜欢的就是摆弄花花草草，让那些美丽的花草来粉饰自己忙碌的生活，欣赏鲜花的同时，感悟美丽的人生。

有一次下楼买菜做饭，谢倩口袋里只带了10元钱，这时候看到一个卖花的，她马上走过去，看了看，花都是新鲜的，于是挑了几枝。老板一算刚好10元钱，可是她口袋里只有10元钱，还要买菜怎么办？最后跟老板讨价还价一番，老板看她这么喜欢花，就以8元钱的价格卖给了她，谢倩非常感激，就拿这最后的两元钱买了青菜回家了。类似这样的事情在她的生活中是屡见不鲜的。两周到花卉市场"转悠一圈"是她的必修课。用她的话来讲："最贵的不一定是最好的，最好的不一定是适合自己的，要物有所值。"

谢倩最喜欢的花还是郁金香，它象征着青春、高雅、冰清玉洁，有时候觉得自己就像郁金香，每一棵只开一朵，孤芳自赏。喜欢花，就是喜欢一种心情，花总给人以美好的感觉，当然就会有美妙的心情。每天回到家里，在忙完家务后，再精心料理一下花草，松土浇水，施点花肥或剪去残叶，她把这些动手行为看做是一种休息方式，

因为当她闻到花朵天然的馨香，一天的疲劳也就会烟消云散了。

谢倩还有一手绝活就是绣花。闲暇之余，她很喜欢绣花。根据想象，或者是临摹一些画卷，绣出来很多作品，有的做成了衣服，有的挂在屋里做了壁画。有蓝天白云，有可爱的小木屋，有花有草，还有小动物。每当朋友们坐在一起时，都要求她给她们也绣一些放在家里，或赠送朋友，她每天都要忙到晚上8点多才回家。不过一有时间，她还是喜欢飞针走线，大显身手的。

"生活就像一杯不加糖的咖啡，别人品出苦味，我从苦中品出清香。"谢倩在工作中总是那样果断、干练、运筹帷幄。而生活中，她也是一个不安分的因子，喜欢给自己制造惊喜。到过谢倩家的朋友都知道，每隔一段时间，她都会把屋里面的家具、摆设换一下位置，或者添置一些更新的点缀房间的饰品。她认为："生活本身是有些单调的，但是我们要学会自己创造情趣与快乐，心态好，什么都好。"虽然由于工作原因，要经常到外面应酬吃饭，但谢倩会忙里偷闲，我有机会就在家里做几道可口小菜，力求完美的她做饭的时候也会在菜里面加上用黄瓜或胡萝卜做的绿色或红色等不同颜色的小花，点缀得特别漂亮，让人胃口大增。

学会动手的女人，才是一个有事业心的女人和一个善于创造生活并富有生活品位的女人。

在谢倩眼里，动手是一种享受，比如做家务，她认为最惬意的事情是有一天能在家里做一个全职太太，闲来无事，坐在靠背椅上，让柔和的阳光洒在身上，聆听美妙的音乐，看书或者拿起针线绣花，那将会是一种多么美妙的感觉。

当然，在平淡与安静后面也有不安分。谢倩很喜欢探险和旅行，总希望有一天挎上背包，徒步旅行，体验那份独行的刺激与欢乐。在她的梦想中，最渴望去的地方就是西藏。她说："在那里有很多没有人类到过的地方，都是很美丽的，而且还有很多鲜为人知的美丽传说。"周末的时候，带着帐篷到附近有山有水的地方旅行，走到哪里，就把帐篷支到哪里，悠闲自在地去体验大自然的清新自然和无拘无束。

"花样年华"的谢倩，事业、生活应该正值"怒放"的季节。生活中她是个可爱的小妹，工作中却被大家戏称为《粉红女郎》中的"男人婆"。透过她那犀利的眼神，让人不敢在她面前撒谎，而有时她又是大家疯玩打闹的好朋友。

一个女孩要有深厚的文化底蕴，有丰富的内涵，有高质量的生活，有真正属于自己的理想和为理想的实现而自始至终去动手，让自己身体力行。这样的女孩才有可能成为一个真正有品位的人。

女孩子自己动手，用在生活上，更能显示出一个女孩的聪慧和美丽。会生活的女孩永远是幸福的，因为她懂得幸福不在别处，而是在自己的双手之中。

幸福永远掌握在你自己的手中。

03 珍爱环境享受低碳生活

曾经热播的美国大片《后天》中有这样的场景：科学家预言某种气候灾难将会在今后的几代子孙中出现，结果，灾难却发生在了当代，在灾难面前，人类的力量是非常弱小的，而造成灾难的原因就是人们破坏环境，滥用资源。

生活在现代都市里的人们，在充分享受着物质生活带来的种种便捷和文明时，也在破坏着我们赖以生存的环境。在物质产品快速膨胀，并以各种新奇的方式吸引、满足并挖掘人们消费欲望的今天，似乎只要消费得起，人们就可以想用什么就用什么，想用多少就用多少，并且可以霸气十足地声明：我可不在乎那几个钱！

在一些发达国家，这种生活方式已经开始被另外一种理性的节俭方式所取代，甚至形成一种简朴主义的消费方式。提高生活质量是好事，但我们应该提倡节俭的生活理念和生活时尚，建设绿色家庭，并将这份绿色扩展到社会。而这其间，森女首当其冲发挥着重要作用。下面就来介绍一些森女的绿色生活的细节：

（1）少用一次性制品

现代化生活充斥着许多一次性用品：一次性餐具，一次性桌布，一次性尿布，一次性牙刷，一次性照相机……一次性用品给人们带来了短暂的便利，却给生态环境带来了灾难；它们加快了地球资源的耗竭，同时也给地球带来了环境污染。少使用一次性用品，多使用耐用品，对物品进行多次利用，应当成为新的社会风气，新的生活时尚。

让我们摆脱一次性消费的诱惑，减少资源和能源的浪费。我们可以用充电电池代替普通电池，用手绢代替纸巾，用瓷杯、玻璃杯代替纸杯，用布袋代替塑料袋，用自动铅笔代替木杆铅笔。如果你经常在外出差吃饭，可随身带双筷子，带个勺子，带上牙刷、牙膏、剃须刀、洗发水等等，使生话处处皆环保。

（2）自备购物袋

在我们的生活里，塑料袋成了必不可少的东西，无论是在大小超市，还是在菜市场和街边的小摊贩那里，给顾客提供塑料袋似乎成了理所当然的事情。一些消费者在购物时又过度依赖塑料袋。完全可以用一两个塑料袋分类装好商品，商品重量也完全在袋子的承受范围之内，一些顾客却硬是要求多拿一两个袋子。那些用了就扔的塑料袋不仅造成了资源的巨大浪费，而且使垃圾量剧增，塑料袋造成的白色污染，已经成为城市环境的大敌。我国现在已经陆续开始实行不提供免费塑料袋的政策，提倡购物时自备购物袋，我们每个人都应响应号召，倡导绿色生活。

（3）自备餐盒

如今，无论是在外面吃早餐还是夜宵，总是有一大堆一次性的东西摆出来，塑料或者泡沫饭盒，塑料杯和卫生筷。而这些一次性餐具的卫生问题也十分突出。在一些小吃摊上，一次性木筷放在锈迹斑斑的筷筒里，不时会有蚊蝇恋恋不舍地香吻，还有无数双手挑剔的抚摸，而那些颜色不均的塑料袋也不那么令人放心。自备餐盒，首先是对自己身体的健康负责。而一次性木筷所造成的资源浪费也成为一大突出问题。我国的森林覆盖率不到14%，却是出口一次性筷子的大国。我国北方的一次性筷子产业每年要向日本和韩国出口150万立方米木材，减少森林面积200万平方米。节约资源，应该从我们的日常生活做起。

（4）拒绝过度包装的商品

我国目前垃圾的产生量大约是1989年的四倍，其中很大一部分是过分包装造成的。特别是化妆品、保健品、食品，如月饼、元宵等包装过于豪华，包装费用已占到成本的30%～50%。很多人都有同样的感受：每次买完东西回家，光包装的垃圾就要扔一大堆，过度包装不仅浪费了资源。也加重了消费者的经济负担，同时还增加了垃圾量，污染了环境。所以我们在选择商品的时候，也尽量选择包装简单的。

（5）使用再生纸和节约用纸

目前，造纸的原料主要是木材。我国造纸业年消耗1000万立方米木材。我们使用、消耗大量的纸张，实际上是在消耗森林资源。现在，地球上平均每年有4000平方千米的森林消失。森林可以为人类提供氧气、吸收二氧化碳、防止气候变化、涵养水源、防风固沙、维持生态平衡等。保护森林，减少开采量，就需要削减木材的需求量。回收1吨废纸能生产800千克再生纸，可以少砍17棵大树，节约一半以上的造纸原料，减少35‰的水污染，每张废纸至少可以回收再生两次。因此，应提倡积极回收废纸，尽量使用再生纸和双面用纸，节约用纸是保护森林、保护环境的最好措施。

（6）交流捐赠多余物品

生活好了，一些家庭里的家什更新换代也加快了。很多家庭都会有一些留着无用、扔了可惜的东西。尤其是女性可能经常会有冲动消费，买回来又用不上。其实可以通过交换和捐赠的办法，使它在别人那里得到再利用。如果能将这些物品送到贫困地区或受灾地区，那就更能物尽其用了。社区内也可以经常组织物品交换捐赠会，将各人不用的物品集中起来，互相交换，达到重复利用的目的。

选择简朴主义的消费方式，让日常生活"绿"起来。

04 森女玩转家具布置

走上社会后，众多女性都相对独立了，独立不仅是经济上的独立，而且希望在生活中有属于自己的空间。刚走上社会的年轻女孩，首先希望给自己构筑一个温情小屋，但是苦于经济上的拮据，不能有效地规划和布置房子。装修房子需要较高的费用，可能对于部分女孩子来说是不能承受的。

其实在森女眼中，装修房子不需要买昂贵的家具，关键是要有独特的创意，给人以视觉上的享受。

（1）善用家具

家具的使用寿命还是比较长的，如果想要全部购置新的家具，那将要花费一大笔钱。不过女孩可以将自己喜爱的款式、符合自己布置风格的旧家具留下来，如果有需要，再添置不足的家具。在家中，沙发的作用是很重要的，但是一套沙发好的可能要上万元，所以女孩们不妨试着在旧沙发基础上更换沙发套，可以省下好多钱。

（2）添置摆设

女孩们还可以根据自己的喜好在房间里摆上各种花卉、相框和挂饰等，并根据需要进行点、线、面的装饰。花卉色彩丰富艳丽，形态优美，作为室内装饰性陈设，与许多价格昂贵的艺术品相比更富有生机与活力、动感与魅力。女性朋友还可以在各种花卉的下面装上夜光灯，夜晚将花卉的影子投射到各个墙上和天花板上，那将会增添不少的美感。还可以在窗户周围安置些玻璃水晶，将阳光散射到房间的各个角落，这样整个房间会显得很温馨。

（3）巧用颜色

在布置家具的时候巧用颜色可以达到意想不到的效果。在家里有很多东西的颜色都是由自己随意搭配的，比如：窗帘、桌布、墙纸、被套以及各种家具。搭配不同的颜色可以收到不同的效果，如粉色的温情式小屋，绿色田园式的自然型，还有古典型和民族型等。女孩们可以根据自己的需要进行随机搭配。

（4）废物巧利用

很多白领都有丢东西的习惯，衣服不喜欢了就丢，椅子旧了就丢。旧的丢了新的还要再去买。每年下来又是一笔不小的开销。其实小到储蓄罐、面巾纸盒，大到沙发套或是桌子，都可以通过废物利用做出来。

现在我们就来看看森女是怎么 DIY 自己的生活用品的吧！

①自制面巾纸盒

面巾纸是家里必需的，面巾纸盒就成了必不可少的。不过市面上一个精致的面巾纸盒至少要 10 元左右。其实完全可以自己动手制作面巾纸盒，而无须花钱去买。家里肯定有很多小的纸盒子，如饼干盒、礼品盒等。选一个大小合适的纸盒子，在盒子的正上方，开一个抽取面巾纸的口子，口子的形状视自己的喜好而定。然后选一张漂亮的包装纸，将纸盒子的外表糊起来。一个简单可爱的面巾纸盒就做好了。

②自制宠物衣服

作为女孩子，基本上都喜欢买衣服，衣柜中也放了很多想要丢掉的衣服。如果有养宠物，可以用自己的巧手将这些衣服改制成宠物穿的小衣服。这样你的小宠物有了自己的新衣服，而你也免去面对那些不想丢又不要的衣服了。

③旧家具换新衣

对于越用越旧的家具，可以用布艺进行遮盖。给沙发、小桌子等做身新衣，就可以使它们"返老还童"。而且随意地将一大块装饰布罩住沙发、桌子比给它们量体裁衣做罩子要浪漫、随性得多，不想用的时候扯下来还是一块完整的布料，可再做其他用途。

装修房子不花钱。关键是要有独特的创意，给人以视觉上的享受。

05　面膜也要 DIY

"女孩爱美丽"，爱美之心人皆有之，每年美容业的收入让人叹为观止。其实在森女看来，想要美丽也无需如此费钱，生活中还是有很多省钱美容的小秘诀。

女孩子都是爱美的，不管是为了自己还是为了自己的另一半，都想将美丽永远留在身边，甚至为了美丽不惜付出昂贵的金钱代价。市面上的美容产品花样也越来越多，价格也越来越昂贵，而广大年轻女孩用于美容方面的消费也越来越多。

面膜自诞生以来，在市场上的火热程度没有一刻停歇过，形式也各种各样，有贴片式的、直接涂抹的、免洗型的。它的功效也多种多样，有美白的、补水的、祛斑的等。每天都有无数的女性同胞们，将很多面膜放进购物篮中。面膜成了女孩们每月不可或缺的一项消费。

其实你自己也可以动手做面膜，不仅效果极佳，而且经济实惠，能为你节省不少钱。

（1）美白面膜 DIY

在这里介绍一种经济实惠且做法简单的美白面膜——维 C 美白面膜。

材料：压缩面膜、矿泉水一小碗、维生素 C 适量。做法：把 3 颗左右的维生素 C 捣碎，倒入矿泉水，然后把准备好的压缩面膜泡在水里面让其膨胀起来就可以了。

也可以用柠檬水代替矿泉水。

将面膜敷在脸上，15～20 分钟后，将面膜取下，将脸洗干净即可。该面膜所需材料及成本如下。

压缩面膜：2元10颗。

矿泉水：1.5元一瓶。

维生素C：3元左右一瓶。

一张维C美白面膜的总成本在0.5元左右，省钱指数极高。

（2）补水面膜DIY

在这里介绍一种效果极佳的补水面膜——蜂蜜蛋黄牛奶保湿补水面膜。材料：鸡蛋1个，蜂蜜、牛奶、面粉各适量。

做法：将生鸡蛋打开只取蛋黄，放入碗中。然后调入蜂蜜、牛奶、面粉，搅拌均匀。均匀涂抹到脸上，20分钟左右后用温水洗净即可。

蜂蜜和蛋黄都有滋润的功能，可补充肌肤的各种养分，使肌肤细腻有光泽。此面膜比较适合干性肌肤的女性。

该面膜所需材料及成本如下。

鸡蛋：1元左右一个。

蜂蜜：0.4元左右的量。

牛奶：2元1袋。

面粉：0.2元左右的量。

一张蜂蜜蛋黄牛奶保湿补水面膜的总成本在3.6元左右。

（3）祛痘面膜DIY

在这里介绍一种祛痘面膜——胡萝卜祛痘面膜。材料：鲜胡萝卜500克，面粉5克。

做法：将鲜胡萝卜洗净，捣碎，将捣碎的胡萝卜加入面粉再捣成泥。然后将胡萝卜泥敷于脸部，10分钟后用温水将脸洗净即可。

该面膜所需材料及成本如下。

鲜胡萝卜：0.5元1根。

面粉：0.2元左右的量。

一张胡萝卜祛痘面膜的总成本在0.7元左右。

（4）祛斑面膜DIY

在这里介绍一种祛斑面膜——土豆美白消斑面膜。材料：土豆、鲜奶、面粉。

做法：取2~3个土豆，洗净并去皮切块，放进榨汁机中榨汁。将榨出的汁水盛入一个干净的碗中。倒入三分之一杯鲜奶，并拌入面粉，制成糊状，即可作为面膜均匀敷在脸上，20分钟后用温水洗净即可。

该面膜所需材料及成本如下。

土豆：2元。

鲜奶：2元。

面粉：0.2元左右的量。

一张土豆美白消斑面膜的总成本在4.2元左右。

想要美丽也无需费钱，面膜也能DIY。

06 养生，不仅仅是老年人的专利

　　20多岁的女孩正处于身体最好的状态，提起养生，也许很多人都不以为然，认为那是中老年人才需要关注的事情，与她们无关。但是森女却不这么认为，因为只有年轻的时候关注健康，年老的时候才能收获健康。

　　森女知道，健康是人类生命的本源。没有了健康，人们就没有了一切。没有健康的话，工作、学习都无法进行，你的人生便等于零。可惜的是，没有多少女孩在二十几岁时能真正关注自己的健康。她们熬夜、吃快餐食品、无节制地玩乐，以及盲目减肥等，都在损耗着自己的身体。或许只有等到了身体出现状况，或必须入院治疗时，她们才能认识到健康的可贵。

　　张妍今年23岁，年轻有活力，在一家贸易公司工作，老板刘女士是个精明能干的女强人，她很欣赏张妍的勤奋苦干，将一些重要的工作都交给她来做。张妍很感激老板的厚爱，为了顺利完成工作，她开始了没日没夜的加班，每天晚上至少十点以后才离开公司。一天晚上，老板刘女士回公司取一些资料，正巧碰到了张妍在办公桌前加班。一般情况下，老板撞见员工加班，应是表扬有加、多多鼓励才是，但刘女士不同，她看到张妍加班，并没有露出喜悦的表情，相反，神情还有些不快。

　　第二天，她约张妍一起吃晚饭，说了下自己年轻时候的故事。原来，刘女士的家并不富裕，还是靠几个好心的亲戚接济才上了大学。读大学期间，刘女士为了减轻家里的负担，早日还债，便开始了半工半读的艰苦生活。她每天早上天不亮就起床去送牛奶，然后才去上课。晚

上，她又去快餐店做钟点工，一直忙到十点才回宿舍，回去后还要温习功课和看书，大约凌晨两点多左右才能入睡。这样的生活持续了有大半年，一天晚上，她正在快餐店打工，突然晕倒在地，同事们忙把她送到医院，医生说她营养不良，而且身体严重透支，长期下去，就会很危险。她没听医生的劝告，在宿舍休息了两天后就继续打工和学习。

大约几个月后，她正在上课，忽然感觉胃部一阵剧烈的疼痛，痛得无法再继续下去，同学和老师慌忙把她送进了医院，经检查是胃部大出血，还得做手术。手术过后，张妍的元气大伤，不但休养一个多月不能上学，不能打工，而且家人为了给她治病，又四处借钱，负担变得更重了。提起往事，刘女士十分感慨地说："有时你付出全部心力去做你认为最重要的事情，却反而达不到你预期的结果。身体是革命的本钱，一旦没有了健康，你就什么都没有了，学习、工作都必须得停下。"

她劝告张妍，再忙也要顾上自己的身体，否则最后一定得不偿失。她的身体至今仍未完全复原，胃病时时复发，去医院开药已成了常事，过得十分辛苦。

张妍听后若有所思。健康是生命的载体，如果不注重健康，将来必会后悔。

女孩们，不要认为自己还年轻，还有资本，就轻易地透支身体和挥霍健康，否则一定会为此而付出代价。

注重健康，学习养生知识，从现在就要开始做起。

现代社会的节奏十分明快，很多女孩因为工作忙碌或社交活动多，生活作息不规律，熬夜更是家常便饭，生物钟紊乱，长此以往，身体的状态会变差，免疫力的下降，必会导致大小疾病不断入侵，到时可就麻烦了。所以调整自己的作息规律，是保障健康的第一步。每天至少得有六至七个小时的睡眠，晚上十一点就要入睡，绝不可拖得太晚；如超过凌晨三点才睡，就等于整晚都没睡一样。另外，如果晚上睡得不好，中午可适当补充一下睡眠，时间不宜过长，一小时左右，睡长了精神也会不济。除了睡眠以外，吃饭也要按时，一日三餐一定要吃，最好是一日多餐，除了对身体好以外，还有减肥的效果。

"生命在于运动"是老生常谈的话了，可还是有不少女孩因为懒惰因为玩乐或因为所谓的忙碌而忽略了。实际上，运动有时可以很简单很方便的，下面就向大家介绍几种简单的运动方式：步行是一种绝大多数女孩都能做到的方式，能坚持步行上下班的话，便能增强心肌功能，使血液循环得到改善，同时还能减轻紧张和压力，是一种极佳的运动方式。如果做不到步行上下班的话，也可坐公交或地铁时早一两站下车，步行回家，绝对可以起到强身健体的效果；值得推荐的简单运动还有爬楼梯、游泳、打羽毛球等，早晚在床上做20分钟左右的瑜伽也不错。运动不但能提高人的体质，还有排毒和美容的作用，加油行动起来吧，女孩们！

健康是人的生命之本，只有拥有了健康，才能拥有美丽，拥有快乐，以及拥抱这个美好的世界！

健康是人类生命的本源。没有了健康，人们就没有了一切。

07 "吃"出你的快乐

面对工作、生活的压力，森女也不免有情绪低落、感觉抑郁的时候。为了能把这些恼人的情绪"扫地出门"，除了心理治疗、服用药物等方法外，森女找到了更加友善的处理方式，那就是——吃！

科学家观测到，人的喜怒哀乐与饮食也有着密切的关系。有的食品能够使人快乐、安宁，有的食品则使人焦虑、愤怒、悲伤、不满、恐惧、狂躁。研究还发现，多吃碳水化合物食品时，会使人的大脑中产生一种叫做5-羟色胺的物质，这种物质能将信号送到大脑的神经末梢，促使人的心情变得安宁、快活，甚至可以减轻疼痛。而狂躁抑郁症患者通常大脑里没有足够的5-羟色胺，这是悲观压抑的原因之一。

美国的一些医生根据部分食物能使人快活，从而调节情绪这一观点，治愈一些精神方面的疑难杂症。有一位女病人长年抑郁寡欢，精神病专家卡瑟李普曼给她注射了一剂浓度很高的玉米液。注射后病人反应很强烈，连眼睛都睁不开。接着又给她注射了一剂中和剂，病人的反应很快消失。这证明病人的症状可能是由于吃玉米类及含碘类较高的食物引起的。经过两年的"忌口"，这位妇女的精神状态大为改变。

许多实验表明，水果、粗面粉制品含有大量的维生素B。对心情沮丧、抑郁症有着显著疗效。土豆、没有去掉表皮的粗面粉面包、大量的蔬菜能够使人心情愉快。燕麦中也含有使人快乐的物质，多少年来英国人的早餐总少不了燕麦粥，有些人认为这种燕麦、水加盐煮成的食物，或许是形成英国人幽默性情的原因之一。

快乐是可以"吃"出来的。心情愉快与大脑分泌某些激素的多少有关，而这些激素的分泌可以通过饮食控制，这样就可以达到使人快乐的目的。经过研究发现，以下食物有这种作用：

　　冰激凌：冰激凌对大脑中的部分区域能产生直接影响，吃冰激凌就像听一曲喜欢的音乐一样，可以使大脑的快乐区域变得活跃起来，让人感到快乐。

　　巧克力：吃巧克力可以使人感到心情愉快，这是由于巧克力在大脑中释放复合胺的缘由。复合胺由色氨酸（蛋白质的组成成分）形成，人体自身无法制造，只能依靠从外界摄入的食物。巧克力本身色氨酸含量并不高，但它含有大量的糖，可以引发胰岛素的生成。胰岛素确保糖分进入细胞中，留下来的色氨酸进入大脑，被合成为复合胺。当复合胺留大脑神经键中就会对人的情绪产生积极的影响。

　　鱼：鱼体内有一种特殊脂肪酸，与人体大脑中的"开心激素"有关。有5%的美国人患有较严重的精神抑郁症，需要接受专业辅导，而日本人仅仅0.1%需要看心理医生，两者差距同心脏病一样达50倍之多。报告认为，上述差异与两国不同的饮食习惯中食鱼多少有关。不吃鱼的人，"开心激素"水平较低。美国人平常不吃鱼，因而患忧郁症的机会就增多。

　　香蕉：喜食香蕉的人大都能保持一种较为平和、快乐的心情。因为香蕉中含有一种特殊的胶质，这种胶质在人体内能帮助产生一种化学物质——血清素，而血清素能刺激人体大脑的神经系统，使人产生快乐、兴奋和乐观的情绪，保持心态的平和，减轻心理压力。

　　水：多喝水，可排除"痛苦荷尔蒙"。一个人的精神状态是由荷尔蒙决定的。大脑制造出来的内卡啡肽能使人产生一种快感，一种满足和轻松的享受。内卡啡肽中最著名的5－羟色胺因此被称为"快乐荷尔蒙"。肾上腺素通常被称为"痛苦荷尔蒙"，但它同毒物一样也可以被排出体外，方法之一就是多喝水。

　　那么在什么心情下，应吃什么食物呢？森女是这样做的：伤心时吃慰藉性食物，如汤、面、粥。愤怒时吃坚硬、清脆的食物，如爆米花、芹菜。窘困时吃乳液状食物，如香蕉。兴奋、激动时吃多糖的食物，如糖果、饼干。紧张时吃含碳水化合物的食物，如马铃薯、面包。精神压力大时吃含较多盐分的食物，如番茄汁、菜汤。疲倦时吃含蛋白质较多的食物，如花生酱、瘦肉。情绪烦躁、焦急不安时，应多吃含钙、磷丰富的食物，如大豆、牛奶、鲜橙、花生、菠菜、栗子、葡萄、鸡肉、土豆、蛋类等。恐惧、羞涩、怯懦时，适宜经常服用蜂蜜和果汁，少饮酒，多吃碱性食物和含钙丰富的食物。

　　总之，人的情绪、心理、性格与饮食习惯、营养摄入有着密切关系，只要注意吃得好，快乐迟早在你不经意间到来！

赶紧行动起来，"吃"出你的快乐心情吧！

08 选择健康食品

对于年轻的女孩来说，如果可以合理地掌握膳食中各种营养的质和量及比例搭配合理，建立合理的膳食结构，使得人体的营养生理需要与人体的膳食摄入的各种营养物之间保持平衡的关系，会给健康带来极大的益处。

生活中如果不注意摄取营养，健康很容易出现问题。那么，想要保持身体健康，我们在营养方面应该怎么做呢？

下面是森女对待食物的一些见解：

（1）三餐合理搭配

在三餐的饮食分配比例上，一般以早餐、午餐、晚餐的摄入量各占全天摄入食物总量的 30%、40%、30% 为宜。

很多女孩为了减肥常常不吃早餐，结果在一上午的工作和学习中注意力难以集中，导致效率的严重下降，这其实是很影响健康的。经过一夜的休息，早晨时我们的胃往往处于控制状态，血糖也将到最低水平。如果这时人体还没有摄入食物，体内就没有足够的血糖供给，人就会感到疲劳，或反应迟钝。要是一个女孩长期不食用早餐，身体就会一直处于亚健康的状态。另外，女孩们要是在早晨起床后不吃早餐，血液的黏度就会增高，且流动缓慢，天长日久，会导致心脏病的发作。

因此，吃好一顿早餐是非常重要的。丰盛的早餐不但使女孩们在一天的工作中都精力充沛，而且有益于心脏的健康。早餐时，女孩们应吃一些营养价值高、少而精的食物。主食一般可以选择含淀粉的食物，如牛奶、豆浆、鸡蛋等，再配以一些小菜。合理的搭配一定能让你的早餐既可口，又能为你提供一天的活动能量。

午餐应以五谷类为主食，摄入足量的米饭或面食。另外要重点补充一些富含蛋白质、脂肪的食物，如鱼虾、肉类、蛋类、豆制品等，有助于补充和恢复体力、脑力。此外，维生素和矿物质的供给也是不能少的，这可以通过蔬菜和水果补充。女孩们可以根据自己的爱好，照科学配餐的原则相互搭配食物食用。另外，特别提醒白领女性和职业女性在选择午餐时，可选简单一些的清淡食物。

万一午餐时忙，没有时间进食或不能准时吃饭，最好预先在办公室准备一些健康零食，例如杏干、葡萄干、香蕉片、菠萝片、紫菜片之类，加上盒装豆奶或纯果汁。假如和客户一起用餐，而你有点菜的权利，最好为自己点些蔬菜，将肉换成豆腐，把煎炒菜换成清蒸菜等。这样既能保证有足够的营养摄入，又能防止摄入过高的热量而引起的肥胖。

还有一点要注意的是，中午虽然要吃得饱，但是不等于就可以暴饮暴食。因为如果吃得太饱，会延长大脑处于缺血缺氧状态的时间，从而影响下午的工作效率。

遇到晚宴或聚餐，更要注意饮食。由于晚饭后至次日清晨的大部分时间是在床上度过的，机体的热能消耗并不大，所以晚餐要少吃那些富含热量的食品，如米饭、面食及油脂性食物。对于蔬菜、水果不但不应少吃，相反倒应多吃一些，这样可以保证机体有充分的维生素和无机盐的摄入，对保持女孩的体形优美、头脑清醒、思维敏捷是极为有利的。

根据科学研究，晚餐必须在 8 点之前完成。在 8 点之后任何食物对于人体来说都是不良食物。还有晚餐后，切忌再吃甜食。这不仅会使女孩容易发胖，而且还很伤肝。

（2）注意营养平衡

很多身在职场的年轻女孩由于工作节奏快、压力大、负担重，常常无暇顾及饮食营养补充，这样就会导致营养缺乏。

①要注意减少脂肪的摄入

一般来说，女孩要控制总热量的摄入，减少脂肪摄入量，应少吃油炸食品，以防超重和肥胖。脂肪的摄入量标准应占总热能的 20% ~ 25%，但目前很多女孩已超过 30%。如果脂肪摄入过多，容易导致活动耐力降低，影响工作效率。

②维生素摄入要充足

维生素本身并不产生热能，但它们是维持生理机能的重要因素。

维生素 A 对眼睛有营养作用；维生素 B 能促进糖、脂肪等转化为能量；维生素 C 有防止色斑、皱纹形成的功效；维生素 E 有养颜功能。

③不可忽视矿物质的供给

女孩子在月经期，伴随血红细胞的丢失还流失了许多铁、钙和锌。因此，在月经期和月经后，女孩应多摄入一些钙、镁、锌和铁，以提高脑力劳动的效率，如多饮牛奶或豆浆等。

④注意补充氨基酸

职场女孩的工作特点是用脑，因此氨基酸供给要充足。脑组织中的游离氨基酸含量以谷氨酸为最高，其次是天门冬氨酸等。豆类、芝麻等含谷氨酸及天门冬氨酸较丰富，应适当多吃。

总之，脑和机体的正常活动在很大程度上取决于摄入食物的质量。营养不平衡可能成为职业女性某些疾病的诱因，对大脑的活动能力也会产生不良的影响。因此，女孩们应注意营养和膳食平衡，戒除烟、酒等不良嗜好，加强身体锻炼。

懂得健康的女孩，要养成合理膳食的好习惯，才能够使自己轻松地拥有一个健康的身体和充沛的体力，为事业的成功和家庭的美满打下坚实的基础。

想要保持身体健康，就要选择健康食品。

09 森女的素食美丽法则

这是个越"素"越美丽的时代，每个人的食谱中荤菜能减则减，而且大有以老少齐上阵的架势蔓延。年纪轻轻的吃素，多半是为了要个魔鬼身材；年纪大的吃素，基本是考虑到健康；于是，全民动员，像是要将这"素食主义"进行到底。

好吧，既然"素食"当道，又可以瘦得有理，那干吗不呢？大家来看看森女的素食手册吧。

（1）不完全否定肉食

吃素，并不意味着一丁点荤腥都不沾。从营养学的角度来看，彻底拒绝荤食对健康并无好处，肉类可以提供人体所需的高热量，适当地补充高热量的食物是必需的，所以，最好坚持动植物食品混合食用的饮食原则，营养会更全面。

（2）饮食要均衡

食素者要确保每日饮食中含有蛋白质、维生素 B12、钙、铁及锌等身体所必需的基本营养成分。蛋白质主要从豆类、谷类、奶类中攫取；鸡蛋富含维生素 B12，如果你是个连鸡蛋也拒绝的素食者，还可从酵母菌、大豆制品、人造黄油以及谷类中补充；富含铁的素食有奶制品、全麦面包、深绿色的多叶蔬菜、豆类、坚果、芝麻等；牛奶、干酪、酸奶及其他乳制品都是极好的钙质来源；深绿色的蔬菜、种子、坚果、干果以及豆腐还可提高体内锌的含量。

（3）天然素食才减肥

如果想通过素食来减肥，就应注意以天然素食为主，而不是我们在市场上所见到的精制加工过的白面、即食面、蛋糕等易消化的食物。天然素食包括天然谷物、全麦粉制品、豆类、绿色或黄色的蔬菜等等。对含糖量高及高脂的天然素食要有节制性地食用。吃惯肉类者刚开始素食减肥时，别急于求成，可循序渐进，从每餐尝试吃两碟素菜开始，等适应后再逐渐减少肉类及精制食物，慢慢地转向以天然素食为主。

（4）控制膳食总能量

素食者在烹饪中要特别注意控制膳食总能量，特别是糖、烹调油的摄入量，尽量少吃甜食，烹调清淡。

（5）蔬菜使你光彩照人

经常食用蔬菜，能让你的肌肤光彩照人，其效果不亚于上美容院呢！据营养学家研究，以下的食物当属美容能手！

豌豆：豌豆具有"去黑暗、令面光泽"的功效。现代研究更是发现，豌豆含有丰富的维生素A原，维生素A原可在体内转化为维生素A，起到润泽皮肤的作用。

白萝卜：中医认为，白萝卜可"利五脏、令人白净肌肉"。白萝卜之所以具有这种功能，是由于其含有丰富的维生素C。维生素C为抗氧化剂，能抑制黑色素合成，阻止脂肪氧化，防止脂褐质沉积。因此，常食白萝卜可使皮肤白净细腻。

胡萝卜：胡萝卜被誉为"皮肤食品"，能润泽肌肤。另外，胡萝卜含有丰富的果胶物质，可与汞结合，使人体里的有害成分得以排除，使肌肤看起来更加细腻红润。

芦笋：芦笋富含硒，能抗衰老和防治各种与脂肪过度氧化有关的疾病，使皮肤白嫩。

甘薯：甘薯含大量黏蛋白，维生素C也很丰富，维生素A原含量接近于胡萝卜的含量。常吃甘薯能降胆固醇，减少皮下脂肪，补虚乏，益气力，健脾胃，益肾阳，从而有助于护肤美容。

蘑菇：蘑菇营养丰富，富含蛋白质和维生素，脂肪低，无胆固醇。食用蘑菇会使女性雌激素分泌更旺盛，能防老抗衰，使肌肤艳丽。

豆芽：豆芽可以防止雀斑、黑斑，使皮肤变白。

丝瓜：丝瓜能润滑皮肤，防止皮肤产生皱纹。

黄瓜：黄瓜含有大量的维生素和游离氨基酸，还有丰富的果酸，能清洁美白肌肤，消除晒伤和雀斑，缓解皮肤过敏，是传统的养颜圣品。

冬瓜：冬瓜含微量元素锌、镁。锌可以促进人体生长发育，镁可以使人精神饱满，面色红润，皮肤白净。

此外，蔬菜汁是最棒的增白化妆品。

日本科学家通过动物实验发现，蔬菜汁能够抑制黑色素的生成，从而对皮肤起到增白作用。结果证实，胡萝卜、西红柿以及各种蔬菜中所包含的红、黄、橙等各种色素，如类胡萝卜素等，可抑制黑色素的生成，其功效远远高于增白化妆品使用的脂质——熊果普（苯二昔葡萄糖）。

类胡萝卜素等色素被肠吸收后，会被输送到皮肤里去，因此经常饮用蔬菜汁，可以使皮肤保持美白状态。此外，鉴于黑色素是产生雀斑的根源，因而蔬菜汁还可以防止雀斑的发生。

看到眼角的小皱纹，很少有女孩不心急的，可就是不知道用怎样轻柔的呵护才能把小皱纹赶跑。那些吹得神乎其神的护肤品在自己脸上怎么也不见效。告诉你一个最简单的方法吧，让你不再如此为"皱"心焦。

当家中香喷喷的米饭做好之后，挑些比较软的、温热又不会太烫的米饭揉成团，放在面部轻揉，把皮肤毛孔内的油脂、污物吸出，直到米饭团变得油腻污黑，然后用清水洗掉，这样可使皮肤呼吸通畅，减少皱纹。很神奇吧。有时美丽就是这么简单。

享受绿色生活，就是要将这"素食主义"进行到底。

10 森女不欠"健康债"

森女不能理解的是，生活中的很多女孩，似乎都很勇敢，尤其是在"美丽"方面，表现着惊人的执著。为了减肥，可以连续饿上一个星期，只喝清水充饥。还有的毅然躺在手术台上，为了使自己本来就很漂亮的脸孔看起来更加迷人，不惜以身试刀，承受非人的痛苦及手术的风险。

还有很多年轻女孩，自恃年轻，无限制地透支体力，无止息地疯狂熬夜，作息吃饭都不正常。在用尽各种方式糟蹋自己的身心健康后，接着请教医师，光顾用药作为补救。

一位哲人曾说，你拥有的一切都是"0"，而身体健康则是一个"1"，如果没有1，后边的0再多也没用。

不久前和朋友聚会，小云见到了很多多年未见的老同学，大家海阔天空地畅谈着，从往事说到现在的事，从生活的乐事说到生活中的种种苦恼。同学大都还是单身贵族，都有着一份不错的工作。大家都很赞同一个观点，那就是趁着年轻，要好好奋斗，实现人生的价值。同时，大家也都提到，现在这个时代，竞争太激烈，为了拼搏总是弄得身心疲惫，稍有空闲又会不知所措，总觉得钱是赚不完的，到后来除了"累"之外便没有其他的感觉了。

健康与金钱、美丽之间何尝不是这种关系？我们拼命地挣钱是为了拥有美丽的容颜和幸福健康的生活。若是失去了健康，女孩的容颜就会渐渐褪色，挣再多的钱也买不到健康。生活在病痛的折磨中，幸福也会消失。

泰戈尔曾说过："休息与工作的关系，正如眼睑与眼睛的关系。"很多初入职场的女孩为了获得事业上的成功，而拒绝一切休息的机会，她们令自己无比忙碌从而获得成功的快感，但在事业成功的同时，她们失去的更多。

休息和运动一样重要。如果缺乏休息，身体会积劳成疾。因此，我们把休息称为是对身体的充电。只有及时补充电量，才能保证继续运行。

我们要学会休息，以确保自己能有充足的精力去工作。当有人感到心力交瘁时，可能会使自己的健康状态和工作能力停滞，作出言行不合时宜的举动来。此时你的身体就像一只耗掉大部分电量的蓄电池，无法再如平时一般的正常工作。

什么是正确的休息方法呢？一般人可能会认为，最有效的休息方法就是睡眠。许多人因为工作过度繁忙而长期失眠，并对于自己的疲倦感到无能为力。但事实证明，睡眠并不是唯一的休息方式。

当一个人工作太久了，疲惫和压力就会产生，如果不改变一下工作的步调，很可能会造成情绪不稳定、慢性神经衰弱以及其他的毛病。这时需要调节一下，调节不一定需要休息，从脑力劳动转换去做几分钟体力劳动，从坐姿变为立姿，绕着办公室走一两圈，这些都可以迅速恢复精力。

另外，人类的心灵需要安静、独处与平和的时间，以缓解竞争的压力。因此，不妨在自己繁忙的时间表上，安排几分钟或十几分钟静坐默想的时间，以获得内心的平静，让自己摆脱忙碌和工作，退一步看看自己究竟在做什么。

当然，小睡也是一种有效的休息和恢复精力的方法。小睡与正常睡眠不矛盾，它因人而异，有时打个盹儿就能起作用。通常正常的睡眠以能恢复体力即可，不可贪睡；而白天的小睡则是一种既不多占时间又能有效地恢复体力的休息方法。

而深呼吸是最简单、最方便的休息。它只需持续两分钟，就能让你的心情平和一些下来。

休息是为了获得更好的状态，掌握了有效的休息方法，你的工作效率也将大大提高。聪明的女孩，会挣钱，爱工作，更要会休息。人如果像机器一样，无休止地运行只会死机。

所以，年轻的女孩们，要想让你的一生过得富足健康，就不要早早地透支身体。要知道，真正富有的人不是拥有钱财最多的人，而是拥有财富且身体健康的人。

　　健康是生命之源，它是人生的第一财富，也是每个女孩幸福一生的资本。失去了健康，生命会变得黑暗与悲惨，使你对一切都失去兴趣与热诚。作为森女，我们绝不会去欠"健康债"！

　　失去了健康，生命会变得黑暗与悲惨，森女绝不会去欠"健康债"。